中村桂子

新版

四十億年の私の「生命《いのち》」

生命誌と内発的発展論

鶴見和子

藤原書店

〈新版〉四十億年の私の「生命《いのち》」

目次

〈新版〉

四十億年の私の「生命《いのち》」

生命誌と内発的発展論

アメリカで社会学の近代化論を徹底的に学んで日本に戻った鶴見和子は、「水俣病」と出会い、自らの学問の無力さを痛感する。すべての社会がイギリス・アメリカ型の近代社会になることを良しとするのではない新しい社会理論を求めて模索するなかで、出会ったのが南方熊楠という民俗学の巨人であった。南方熊楠の「曼陀羅」を糸口に、鶴見は、それぞれの社会がそれぞれのやり方で発展することに価値を見出す「内発的発展論」を提唱する。

同じころ、やはり「水俣病」の問題に直面して、人間を含めた生物の世界全体の新しい見方を探っていたのが中村桂子である。四十億年という生命の歴史を見渡し、かつ生物学の最先端であるDNA研究の成果を踏まえて考え抜いた中村桂子が到達したのが、等しい歴史を背負うものとしてすべての生物を捉え直そうとする「生命誌」であった。

鶴見和子の全集『鶴見和子曼荼羅』(全九巻)の第Ⅵ巻「魂の巻　水俣・アニミズム・エコロジー」の解説の中で、中村桂子は「内発的発展論」を深めるために「生命誌」を活用することを求めた。その求めに応えて実現した二人の対話の記録が本書である。

社会学と生物学という、一見かけ離れて見える二つの学問が、いかにしてお互いに高めあうことができるのか。本書の対話を通じて、多様性こそに価値を認め、かけがえのない個人の存在の意義を大切にするような、人間社会の未来を考える新しい視点が提示される。

(編集部)

〈新版への序〉

私にとっての鶴見和子と南方熊楠

中村桂子

＊二〇一二年七月　鶴見和子さん七回忌にて講演

当初、「鶴見和子と南方熊楠」という題をいただきましたが、客観的に論を立てる力はございませんので、「私にとっての鶴見和子と南方熊楠」ということで、聞いていただきたいと思います。

鶴見さんとの対談の初版『四十億年の私の「生命《いのち》」』、それから解説を書かせていただきました『鶴見和子曼荼羅　魂の巻　水俣・アニミズム・エコロジー』を思い出しながらお話ししたいと思います。この場は、鶴見さんのすばらしさを思い出すところですが、鶴見さんを通して、また南方熊楠を通して、「今」を考えたいと思っております。亡くなられた後、さまざまなことがありましたが、それでもなお、今を考えるにあたって、たくさんのことを教えて下さる方だと思います。過去の人として語るのではなく、未来につながることを考えたいと思います。

今、社会はグローバリズムと言われています。globe は地球です。鶴見さんの著書『南方熊楠――地球志向の比較学』がありますように、地球を考える、更には地球で考えることは非常に大事です。しかし今のグローバリズムはアメリカ型の新自由主義を広めるという誤ったものです。先進国と途上国の間だけでなく、先進国内での格差まで広げています。鶴見さんはそれに対して地球上の地域それぞれの「内発的発展」が必要であるとおっしゃいました。

アメリカで欧米の社会学を徹底的に勉強されて、身につけられた鶴見さんが、帰国後水俣に出会い調査をなさったところ、「これぞ本当の学問」と思っていたものが通用しなかったのです。しないどころか、あまりにも違うものがあるのでとても悩まれました。アメリカの社会学では、「自然」という言葉を使うと、社会学に自然なんかいらないと否定されてしまう。でも、水俣を考えるときに自然を入れないで考えられますか？と話されました。そこで考え抜かれた結果が「内発的発展論」です。短時間ですので細かいことは申しませんが、発展はそれぞれの土地にある自然や文化や歴史、そこにいる人びとが内にもっているものから出てきて初めて本物であるということです。

内発的発展と生命誌

グローバリズム一本槍の今の社会は、すべてを一つの物差しで測ります。そこで進んだ国と遅れた国があるとします。——そうではなく、さまざまな物差しがあるのです。たとえば教育を見ても、子どもを一つの物差しで測って並べるというのがいかにばかばかしいかということは、わかりきっています。そういう中で、鶴見さんが出された「内発的発展」という言葉、構想、思想はすばらしい、大きな意味を持っています。

私も、分子生物学という、欧米そのものという学問で生きものを考えたいと思ってきました。チョウを採りに山を歩くのも生きものを考えることですし、詩を作るのも生きものを考えることですが、基本の基本を知りたくて、一九五〇年代に出会った新しい学問、ＤＮＡを中心に置く分子生物学で考えたいと思って勉強しました。鶴見さんの社会学に対して、私は生物学で、同じよ

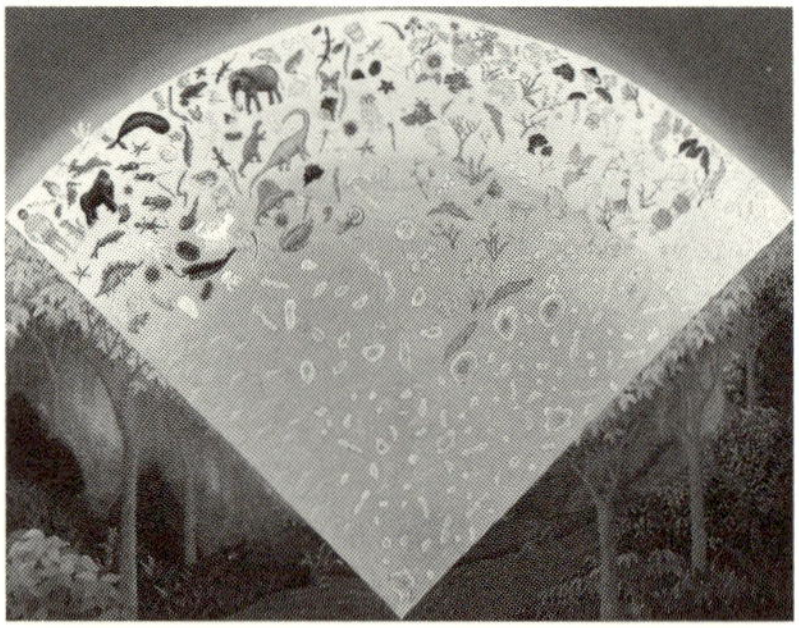
図1　生命誌絵巻（本書66頁に拡大図）

うに欧米から学び、それを生かして考えようとしました。しかし私もこれで生きものがわかるのだろうかという疑問にぶつかりました。

この扇形の図（**図1**）が、私の考える生きものの姿です。扇の縁が現在で、多様な生きものがいます。すべてがDNAをもつ細胞から成るという共通点があり共通の祖先から生れたと考えられます。人間もその中にいます。共通性は大事なことですが、それだけを見て分析していくことで生きものが分かるだろうかと思うようになりました。

共通だけれど、やはりアリはアリで、ヒトはヒトだと思いはじめ、共通性を受けいれつつ多様性、個別性を考えるにはどうしたらいいだろうと悩みました。そこで、アリのDNA（ゲノム）はアリをつくり出し、ヒトのDNA（ゲノム）はヒトをつくり出していることに気づき、「自己創出」という言葉を思いつきました。アジアはアジアで、アフリカはアフリカという鶴見さんの内発的発展と同じように、アリはアリ、ゾウはゾウ、人間は人間として自分をつくり出しているということです。その考え方を基に「生命科学」という分析に対して、「生命誌」という、歴史物語を読み解く知を始めました。社会と自然を見る眼、発想が重なっています。

日本人であり、女性であること

この重なりについて鶴見さんと話し合っているうちに、思いがけなく、しかも自然に出てきた言葉があります。学問をしている時、物を考えている時、とくに自分が日本人だとか女だとか意識したことはありません。そんなこと考えたこともないと思ってきました。ところが、話しているうちに、もしかしたら、二人とも日本人だから、女だからこんなことを考えたのではないかということになってきたのです。

まずは、「日常」です。DNAを見て遺伝子のはたらきを考えるのはおもしろいのですが、家へ帰って泣いている赤ん坊が何を求めているかを考える時はDNAはどうでもよいわけです。まるごとの赤ちゃんが今どうして泣いているのか。そこで生命とは何ぞやと考えていても答はないと思ったのです。

日常とつながらない学問をやっていてもしかたがない。鶴見さんもまさに、同じことを思われ、それを「道楽」とおっしゃっているのです。さすが、育児より優雅ですね。

それからもう一つは、矛盾を感じたときの対処です。ヨーロッパを勉強することは必要です。ギリシャ以来つくりあげてきた思想は見事で、これを勉強することは大事です。しかし、おかしいと感じることもあります。たとえば社会を考えるのに自然という言葉を使ってはいけないといわれても困るとか、生きものを知ろうとしてDNAだけを見ても赤ちゃんのことはわからないとか。それへの答は、日常考えている大事なこと、社会や人間、生きものについてすべてを教えてはくれません。しかし、だから意味がないとして、それを捨てることは、二人ともしませんでした。今まで学んだ学問を捨てる気持ちにはなりませんでした。西洋と東洋という分け方もしたくありません。すると、そこには矛盾があり、悩みます。けれども、この矛盾を抱えていくことこそ考えるということなのです。そのように考えていかなければ社会や人間に関する問いへの答えはないと思います。鶴見さんは、「そうなのよ。捨てるの嫌なのよ。何でも、いいものはすべてとりこむのよ」とおっしゃいました。矛盾を抱えて考えていくことも共有したことでした。

また、鶴見さんが、「私たち、権力とお金はいらないものね」とおっしゃったのです。権力やお金に媚びない。もちろんお金は必要ですが、お金のためには動かないということです。二〇〇九年、民主党への政権交替の時、とても期待しました。「コンクリートから人へ」という言葉に象徴される本質的な変化を起こして下さると思っていましたので、失望しました。科学技術政策を見ての判断ですが、権力とお金を手にすると、人はなんと見苦しくなるのだろうと思わせることばかりで、それを目の当たりに見せられたように思います。

すべての女性が「権力とお金はいらない」と言い切れるかどうかわかりませんが、女性の方が、権力やお金に弱くない。「自分が重要と思うやりたいことをやる」という考え方をより強く持っているように思います。

日常を大切にする、矛盾を抱え込む、権力やお金に関係なく大事なことをやろうとするというのが、日本人であり女性であるという特徴と重なっているかどうかは、皆さまそれぞれにお考えがおありだろうと思いますが、鶴見さんと私のあいだで共感し合ったことです。鶴見さんは、「だから日本人の女性は、これから新しいことをやらなければだめよ」とおっしゃいました。今、鶴見さんがいらっしゃらない中で、私たちにその力があるかどうか——心細いところもありますがその気持ちを大事にしていきたいと思っています。

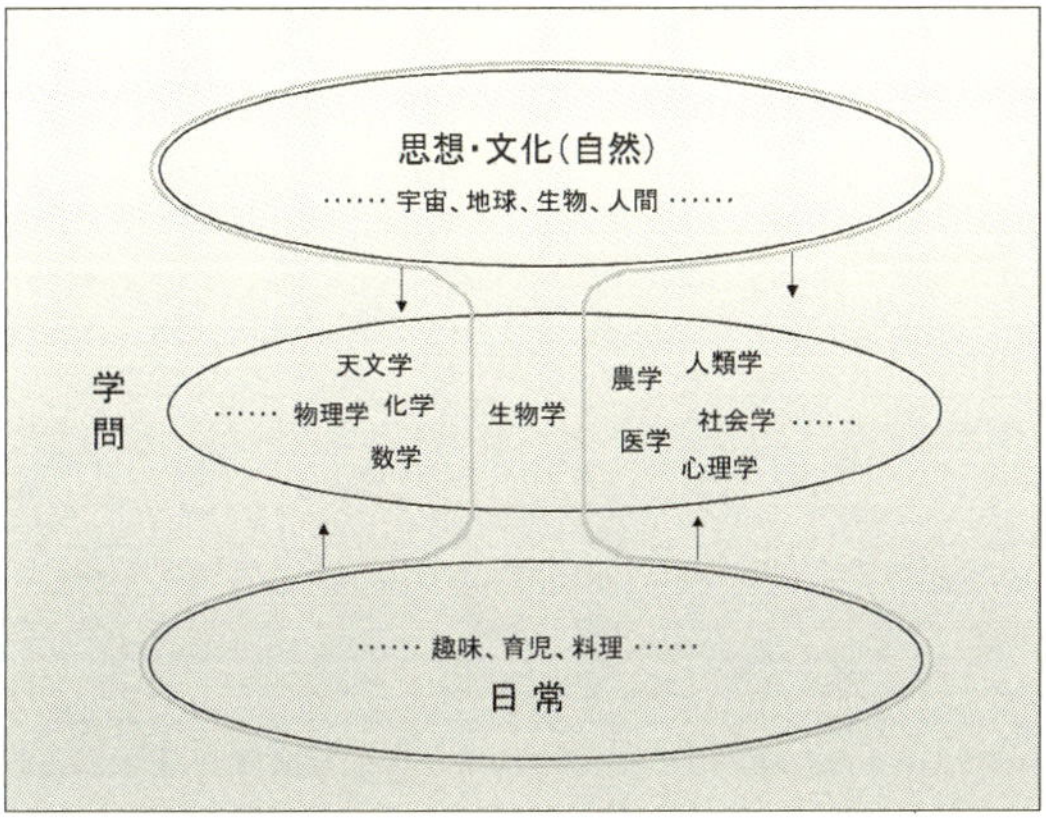

図2　日常・学問・思想

日常・学問・思想

今まで申し上げてきたことを整理したのが**図2**です。学問をしている者は、それを通して社会のことを考えていく役割があるのは当然です。

しかし、今学問はどんどん専門化しており、その中で、今社会で問題になっていることの答えを探すのは難しいと思います。そこで、学際というように学問を横につなげて解決しようとするのが一般の動きです。しかし、それは違うと思います。研究者という人によって解決しなければなりません。鶴見さんが「道楽」という言葉でおっしゃいましたように、学問は常に自分の中で日常とつながっています。

一方で、「思想」と書きましたが、私が考えておりますのはむずかしいことではありません。自然とは何だろう、宇宙とは何だろう、人間とは何だろう、生命とは何だろう——ということをいつも考えているということです。そういう問いと一体化するのでなければ、学問からは何も出てこないだろうというのが実感です。鶴見さんはこれを実践していらっしゃいました。

この図は、私のこととして書きましたので、中央に生物学がありますが、鶴見さんの視点で書けば、真ん中に社会学をおくことになるでしょう。私の場合「日常」は、子どもを育てたり、お料理をしたり、音楽を聴いたりとなります。「日常」とつながって、「自然とは何か」という問いがあるのです。鶴見さんの場合、「日常」に日本舞踊や短歌、着物など、「思想・文化」には、アニミズムなどを通して自然のことを考えていらしたということがあると思います。

これからの社会を考えるとき、一つ一つの学問では、おそらく何もできません。そのことには多くの方が気がついていて、文理融合、文科とか理科とか言わずに学問を融合する必要があると言われます。たとえば社会学と生物学を融合して、新しい学問をつくる。今、大学はそのような方向を探っています。しかし私はここからは何も出てこないと思っています。

鶴見さんが「一つ一つの学問では何もできない」と考えられた時、歌をつくられるなかで、「自然とは何か」と考えることが学問を広げることに気づかれたのだと思います。図2の矢印のように、上と下とがおのずとつながって、生物学に関心を持ち、私の話も聞いてくださるわけです。私も鶴見さんのお話を伺って、社会学が私が思っていたようなものではないことがわかり、自分の仕事を広げた形で考えられるようになりました。

このようにして、一人ひとりが広がったときに初めて、命、自然、宇宙、人間などについて考えられる知が出てくるのではないかと思っています。

実は、森鷗外が興味深い指摘をしています。医師としてドイツに留学した時に書いた文章に、ドイツ語での研究は Forschung、英語では Inquiry ということに気づいたとあります。これは日常語であり、探求する、何かを知りたいと思うことです。Forschung の中には、「日常」と「思想」が入っています。ところがこれを日本語にしたときの「研究」という言葉からは、日常と思想がはずれてしまいました。研究室の中にこもって特別なことをやるのが研究だとなってしまいました。森鷗外は、研究では「生」はわからないと書いています。

この指摘は興味深いです。鶴見さんと御一緒に、日本人として、女としてとお話ししましたけれども、ヨーロッパの学問の中にある日常と思想を捨てていたのかもしれません。ここをもう一度見直して、学ぶべきところは学んでいかなければいけないと思っています。

「内なる自然」——水俣病

社会学と分子生物学という異なる分野にいながら全く同じ言葉が出てきたことも話題になりました。「内なる自然」です。

図3にあります。現代社会を単純化して象徴的に書きますと、金融市場原理と科学技術で動いていると言えるのではないでしょうか。お金が動き、科学技術で便利になるのが進歩した社会と考えられています。

人間は命をもち、自然の一部です。生命誌ではそれはあたりまえ、鶴見さんは水俣研究でそれを強く感じたとおっしゃっています。自然の中にいるという事実に眼を向けずに、金融や科学技術だけでの進歩を考えていても暮らしやすい社会にはなりません。それを具体的に示したのが水俣病であり、それは地球環境問題にまでつながっています。

自然破壊、そこからくる環境問題はかなり関心を持たれ対応がなされています。しかし、人間の「内なる自然」は忘れられています。外の自然を壊す行為が、内の自然を壊さないはずがありません。水俣病はその典型で、有機水銀が生態系を壊し、その一部である私たちのからだも壊しました。

身体だけではありません。内なる自然の中で大事なのは「心」です。心も壊れる。日本は一九九八年に自殺者が三万人になり、その数をどうしても減らすことができません。最初に三万人になったときは、リストラされた五十代の男性が亡くなることが多かったのです。少し経済が安定してきたので、そういう方たちの自殺率は少し下がっています。しかし、全体で三万人を超えるという数字は、今年の『自殺白書』でも変わっていません。

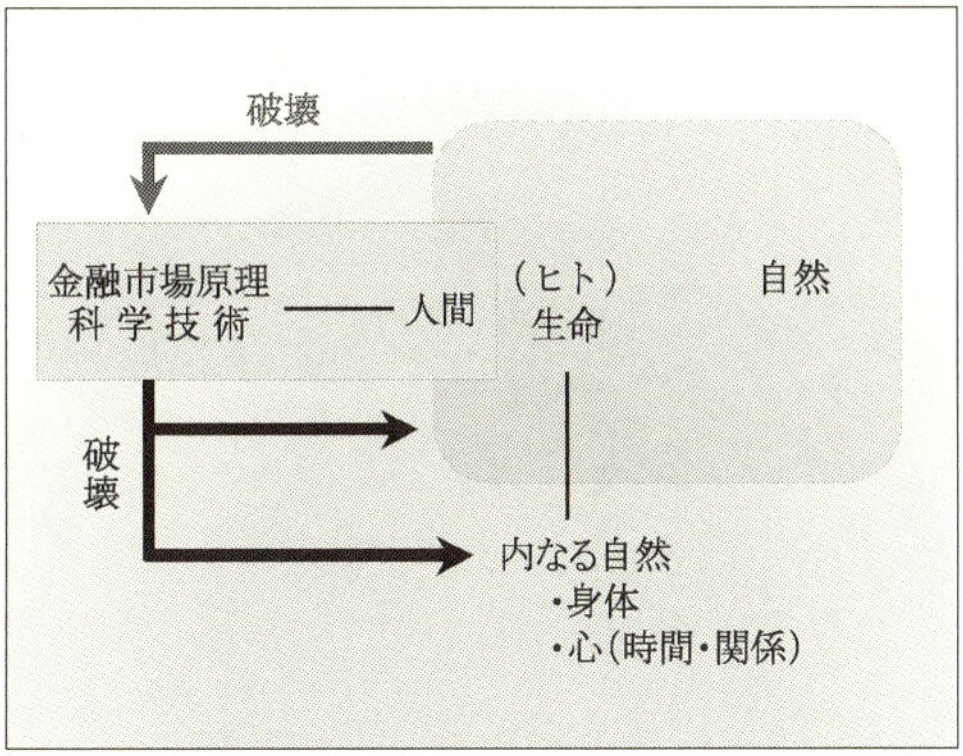

図３　現代社会と「内なる自然」

実は若者の自殺が増えているのです。いじめを受けた子どもたちや働き場が得られない二十代の若者が自殺しているのです。大人は、「今の若者は弱い」と言いますが、私はいのちに向き合っていない社会が心を壊しているのだと思います。それを考えないで、若者の弱さを嘆くのを聞くと、それはないでしょうと思います。先日ある会合では、あなたは変わっていると言われましたけれども……。

「命のにぎわい」

私は直接水俣に関わる仕事をしたことはありませんでしたが、水俣の方たちが、「生命誌」と、自分たちの考えていることに共通点があるので一度来てください、と声をかけてくださいました。美しい海と美しい山に囲まれた静かなところで、ここで事件が起きたとは思えないところでした。そこで初めて緒方正人さんという漁師さんのお話を伺い、驚きました。

この方は、水俣病の申請をしておられません。チッソは本当にひどいことをしたけれど、科学技術と経済優先の社会には自分もいた、自分もチッソだとおっしゃって、活動をしていらっしゃるのです（申請は本来当然ですが、深いお考えでの選択です）。その方が、「生国」という言葉を使っています。国は大事だけれど、それは日本とかアメリカとか中国という国ではなくて、「生まれた国」、生国を大事にしなければいけないと。そして、生国で大切なものは「命のにぎわい」だとおっしゃるのです。

「命のにぎわい」を壊してしまったら、自分たちの生まれたこの国が、自分たちを許さないだろう、自分も壊してしまっていたその一人だったという言葉がとても印象的でした。「本願の会」という集まりをつくり、考えることと同時に「祈る」ことを始められました。「命のにぎわい」

の中にいる人間、そこにある「内なる自然」というとらえ方をして、「心」を壊す行為について考えていくところに「生命誌」との共通点があります。鶴見さんが水俣研究から同じ「内なる自然」という考え方に到られたのはよくわかります。

南方熊楠との出会い

最後になりましたが、テーマとして与えられました南方熊楠についてお話しします。鶴見さんと御一緒した二冊の本は、共に南方熊楠がかなり重要な役割を果していています。偶然に、南方熊楠に関心を持っていたのです。まったく独自に、熊楠に出会っていました。

私は一九七〇年、「生命科学」という分野に入ってすぐに、科学に基盤を置きながら生きものを総合的に考えたいけれど、自分一人でそれを組み立てる力はない、そういうことを考えている人はいないかと本を探しました。その結果、西洋には、『生命の科学』という大著があることを知りました。H・G・ウェルズの著書です。そして日本に南方熊楠がいると気がつきました。そこで、『南方熊楠全集』(平凡社)を求めたのです。実はすべてを読んではおりません。むずかしく、読みにくいものなので、自分に関係があると思うところを読んできました。鶴見さんは、解説を依頼されて『熊楠全集』に出会い、熊楠の魅力に気づかれたとのことです。

熊楠は明治時代の人ですが、日本の教育制度をはみ出していたのでしょう。英国で自然史博物館に入りびたり、勉強するんです。ヨーロッパの勉強を徹底的にし、英語で論文を書き、ヨーロッパの人たちと星の話や民俗学などで対等に議論をしている人です。帰国後は、権力とは無関係に、故郷の田辺（和歌山県）で、粘菌――今も生物学の非常におもしろい研究対象です――に注目して、独自の研究をしました。那智の山を駆け巡って独自の形で進めた研究です。

熊楠はその中で、「神社合祀令反対」の意見書を出します。鶴見さんは、これを日本でのエコロジカルな運動の始まりと位置づけられました。宗教という形で保持してきた「鎮守の森」は実は日本の文化であり自然であるわけです。それがお上によって宗教という見地からだけで一方的に壊されていくことの問題点に気づいたのが、熊楠であり、「神社合祀令反対」の運動なのです。内発的発展という形で、ヨーロッパも日本もふくめた新しい学問をつくっていこうと求めていた鶴見さんにとって、南方熊楠の神社合祀令反対の意見書は学ぶところの多いもので影響を与えられました。

熊楠はもちろん男性で、写真で見るといかつい感じです。外見からは女性的とは言いにくいのですが、熊楠の行動を見ていると、先ほど申し上げた、日常や矛盾を抱えこみ、権力やお金に媚びないというところから見ると、日本の女性の行動と合致します。ユニークな人です。熊楠の研究した粘菌という、単細胞と多細胞をつなぐ興味深い生物について、複雑系の研究者であるプリゴジンが注目していることを私との対談で話したことが鶴見さんの興味を惹き、眼を輝かし粘菌

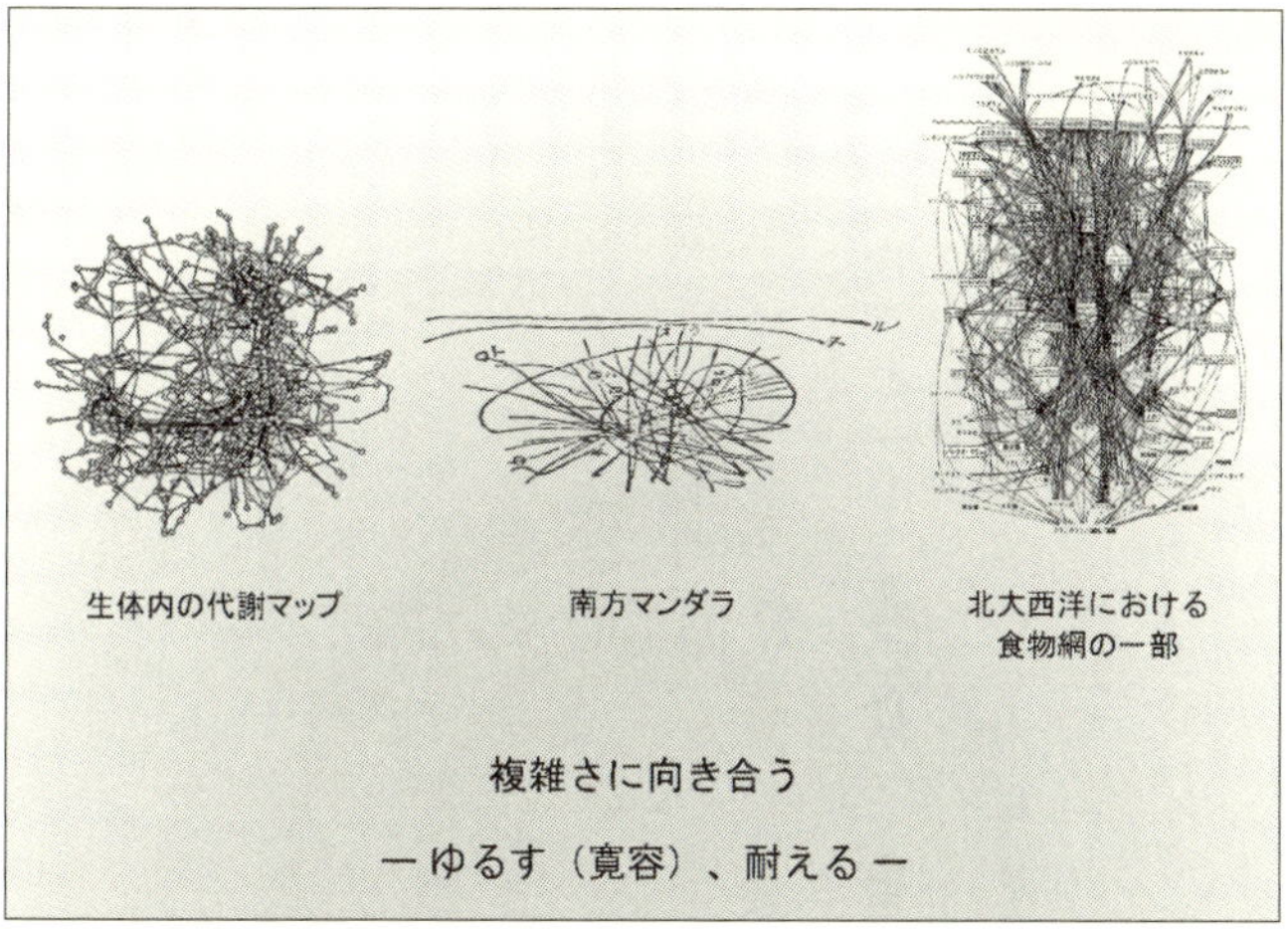

図4　複雑さに向き合う

の話を聞いて下さいました。

権力の中に入らず、自律して、総合的視野をもち、自分が今一番大事と思うことをやるという意味で、熊楠はみごとです。もう一人、同じスタイルの人として、北に宮沢賢治がいます。今日は賢治については申し上げませんが、賢治も科学をよく勉強しています。三・一一の大災害の後、私たちは、日本を見つめながら、しかし、日本だ東洋だと言うのでなくすべてを取りいれて、自身の知をつくっていかなければならない状況にありますが、その際、熊楠や賢治に学ぶことが多いと思います。

図4の中央に、「南方マンダラ」とあります。南方熊楠が「曼荼羅」と言ったのではありません。鶴見さんが熊楠に感銘を受け、熊楠が書いたこの図を中村元先生にお見せになったところ「こ

れは曼荼羅ですね」とおっしゃったので、鶴見さんが「南方曼荼羅」とおつけになりました。その左側に、からだの中で分子がどう動いているか、右側に、生態系、具体的には海の中で生きものたちがどう関わりあっているかということを描いた、生物学の図を置きました。

これも曼荼羅みたいなものです。これまで科学は一部を取り出して精密に調べてきましたが、近年、体全体とか生態系などすべてを見なければならなくなりました。一つの体の中がこれほど複雑になっている。地震などもそれに対応しようとしたらこの複雑さに向きあわなくてはなりません。これまでは、複雑さを単純化してわかりやすくして体系をつくってきましたが、もうその時代ではありません。複雑さに、複雑のまま向き合って、そこから何かを読みとる——そこでは関係が重要です。熊楠はここに「縁」という言葉を使います。海の中で魚が食べたり食べられたりするのも「縁」です。「縁」というのは仏教の言葉ですが、科学ともつながっていくと思います。

「物」と「心」をつなぐ「事」

図5も、熊楠が書いたものです。先ほど申し上げた、「金融市場原理、科学技術で動く社会」は、物中心で、物がたくさんあれば豊かで幸せだと思ってきました。近年、心の時代だと言われはじめました。でも、「物の時代ではなく心の時代だ」と言っても、これは解決にはなりません。南方熊楠は、「心」と「物」のあいだにある「事」に注目します。たとえば、長い間使っているカッ

プは、私にとってはとても大事なものです。値段が高いというようなことではなく、使ってきた時間が入っており、思い出があって大事なのです。「物」がいけないのではなく、「心」と伝わりあっている「物」があるようにしたい。今は、「心」とつながらない「物」が溢れている。それを豊かさといってはいけません。「事」をあいだに入れて考えるという、熊楠の考え方はとてもおもしろいと思います。

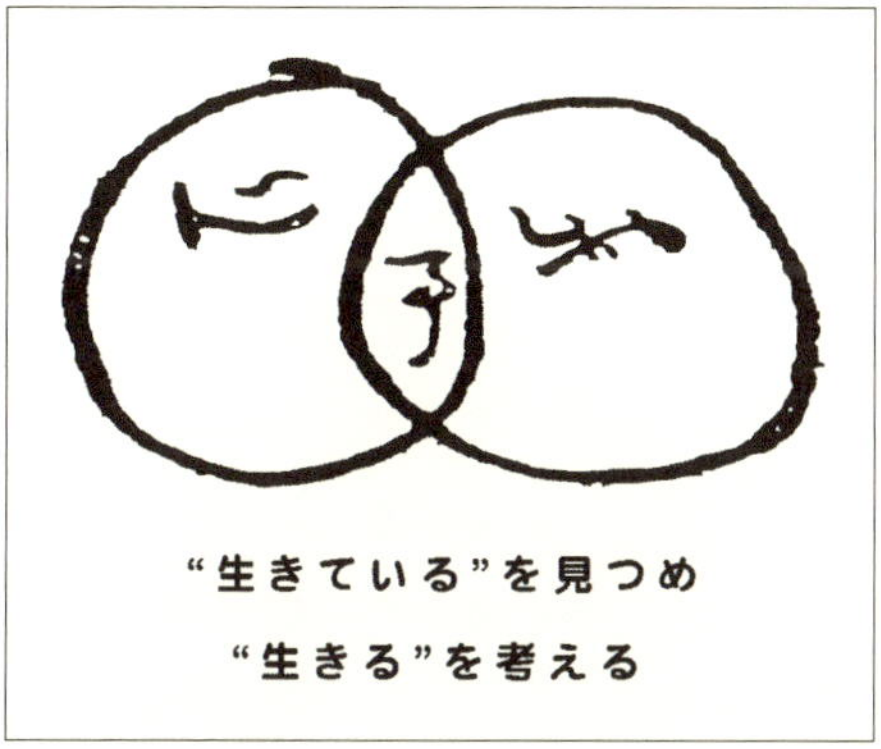

図５　南方曼陀羅

熊楠の言う「事」は、「生きているということ」ではないか――生き物、命というのは、これではないかと思っています。「生きるということ」は「心と物のあいだにある事」ではないか――これは私の勝手な思いですが、そんなふうに思いながら、今も熊楠に学んでいます。そんな時鶴見さんとのお話し合いを思い出します。短時間で、舌足らずになりましたが、転換期にある今こそ大事になっていることを少しでもお伝えできたらと思います。

ありがとうございました。

（二〇一二年七月三十一日／於・山の上ホテル別館「山百合忌」）

（『環』五一号、藤原書店、二〇一二年十月掲載）

〈問題提起〉

最も遠いようで最も近いもの

――アニミズムと現代科学――

中村桂子

学問をする喜びの一つは、先達が作った枠組みの中に疑問や矛盾を見つけ、新しい考え方を見出していくところにある。時には、その結果既存の枠組みをとび出して、隣の分野、いや一見無関係と見える分野と密接な結びつきが見えて来ることさえあり、それこそ学問の醍醐味だ。もっとも現実は、狭義の学問分野の中での約束事に従って仕事をするよう求められることが多い。そうかと思うと最近は、このようなタコ壷型研究への反省からか、学際とか横断的という言葉が流行している。しかしそれが安易に使われ、初めから漠としたテーマに取り組んでしまうために、これまでに積み上げられた学問の方法論を使いこなせないでいる例が少なくない。人間・自然・生命・環境・情報など、最近多くの大学が新設する学部・学科にしばしばつける言葉が、この漠としたテーマにあたる。

既成の枠に閉じこもるのでもなく、最初から学際を振り回すのでもないやり方……それが大事だと分っていても、その実例はそれほど多くない。そんな中で、鶴見さんのお仕事は、私にとってこれぞお手本というものだ。若輩が大先輩に対して失礼な言い方をする（本音で語りたいのでこれから先もしばしばそうなりそうだ）のを許していただくなら、お話を伺ったり、お書きになったものを読んだりする度に、スカッとする。

今回、これまでのお仕事をまとめるにあたって、通常の著作集ではなく、「曼荼羅」となさったことを知り、私の受け止め方は間違っていなかったと嬉しい。解説という難しい作業を、しかも〈魂《こころ》〉という難しい巻について行なうことは、私の能力を越えるとわかっていながら、お引き受けしてしまったのは「曼荼羅」の力のせいである。自らの問いを基本に、切り口を探し、さまざまな事柄――その中にはお互いに相容れないものもある――を融合し、一つの世界観を作ってきたという自負と、まだこれからも世界を描いて行くぞという勢いが「曼荼羅」という言葉には感じとれる。

「内発的発展」という切り口の発見

二十世紀は、一言で言えば、ヨーロッパを基本にした進歩史観を科学技術の発展が支えた時代だったと言ってよかろう。その世紀が終ろうとする今、進歩史観と現代科学技術の組合せが持つ欠陥が浮き彫りになってきた。その典型例が水俣病であり、その延長上に地球環境問題がある。米国で、二十世紀型の価値観と論理を基本にする現代社会学を学び、それを専門となさった鶴見さんが、プロジェクト研究で水俣の調査を始め、それまで基盤としてきた学問の方法論が有効でないというだけでなく、人間の見方まで考え直さなければならないことに気づいた時には、大いに戸惑ったと述べておられる。「社会の出来事は、社会の中の出来事によって説明せよ。」徹底的にそれを叩きこまれてきたのに、水俣での調査で、明確に、「自然と人間のつき合いを回復しないことには人間は滅びる」と実感させられたのだから、本当に驚かれたに違いない。こうなった時、人が取り勝ちな態度は、なんとか既成の方法で解決しようとするか、それを否定するかだ。しかし、鶴見さんは、「近代化論の土俵の中に自然と人間との関係を持ち込むにはどうしたらよいか」という形で問いを立てられた。そして発見したのが「内発的発展」という切り口だ。実は私も、二十世紀の申し子と言ってよい生命科学を学び、同じような悩みを持ち、同じような対応をした。そして、生きものは常に新しいものを生み出そうとする力を内に持つ自己創出系だと考えるようになった。人間も生きものなのだから、生きものが持つこの力にまで鶴見さんの学問の眼を広げてきていただきたいというのが、この文で書きたいことなのだが、それはもう少し後にまわすことにして、まずは内発的発展についての私の気持を述べたい。

鶴見さんが水俣で発見されたことは、驚くほど特別なことではない。一九七〇年代以降、さまざまな地域、さまざまな事柄の中に見えていたことだ。しかし、これに対処できるのでなければ学問としての意味がないと考え、それに真剣に取り組んだ人はそれほど多くはない。鶴見さんはそれをなさった。そしてその背景には、鶴見さんが日本人であり女性であったということがあるのではないか。私はそう思う。そう言われることを御本人がよしとなさらないかも知れないと危惧するし、私自身何かを考える時に、日本人だからとか女性だからと説明をするのは好きではない。

しかし、パリパリの社会学を学びながら、民俗学の柳田国男を読み、日本の風土に根ざした生態学者南方熊楠に惹かれていらしたからこそ、水俣での聞き取りをどのように整理し解釈したらよいかを考えた時に、狭義の社会学に束縛されずに考えを展開できたのだと思う。またそれらを異和感なく一人の人間の頭の中、いや体の中に取り込み、そこから新しい考え方を出してくる柔軟性は、女性の得意とするところだという気がするのである。

いずれにしても、そこから産み出されたのが「内発的発展」という魅力的な——少なくとも私にとっては、とても魅力的な論である。ここでの発展とは、地域住民の創造性に依拠するものであり、それぞれの地域の持つ伝統を生かし、そこに異質なものを加えて暮らしやすい社会を作っていくことである。これまでの進歩史観のように、唯一の物指しですべての社会を測り、進んでいるとか遅れているとかいう発展とは違うのだ。欧米でも、唯一の物指しのおかしさに気づく人は出ているが、彼らは「もう一つの発展、もう一つの技術」という提案をしている。alternative development, alternative technology である。たとえば、発電にしても、大型の水力・火力・原子力だけでなく、地域毎に風力・潮力など自然の力を上手に生かして行こうという考え方はその一つだ。これは、二十一世紀へ向けて重要な考え方だが、ここで指摘しなければならないのは、「もう一つの」という言葉だ。これは、一つの基本があり、それに対してもう一つと言っている。あくまでも、ヨーロッパを出発点にした近代化の道が基本軸になっているのだ。そんなものはない。世界中のあらゆる地域に、それぞれの発展があるというのが内発的発展の考え方であり、ここが重要なところだ。私は、鶴見さんが身につけられた社会学と同じようにヨーロッパに根を持つ生命科学の中である種の矛盾を感じ、人間に軸を置くのではなくあらゆる生物にそれぞれの発展があるのだと考えるようになったので、「もう一つ」と「内発」の違いをはっきりと指摘したい（私も、この問題を考えた時、自分が日本の文化の中で生きる女性であることを、ほんの少し意識した）。

科学技術の見直しへ

ところで、近代化論を全否定することなく、発展を内発的発展へと切り換えることによって現代社会を見直そうということになると、緊急を要するのは、科学技術を人間や自然を破壊するのではない形に転換していく作業である。鶴見さんはそれを「暴力のより少ない科学・科学技術」に変えると表現している。ここで、すぐに連想され、また現実にそのような活動が起きているのは「エコロジー」をとりこむことである。エコロジーは、通常、ドイツの生物学者エルンスト・ヘッケルの作った言葉とされ、したがってヨーロッパ科学の流れの中で生態系を対象にする学問とされている。ところが鶴見さんは、アメリカの古典ギリシャ語学者で、ウォルデン湖畔での自然と共に暮らした生活の記録で有名な、H・D・ソローにその起源を見たいと言われる。それは、エコロジーの基本にアニミズムとシャマニズムを置くと有効なのではないかという仮説につながり、そうすると日本と女性が生きてくるという意図と重なっている。

ところで、現代科学・科学技術とアニミズム・シャマニズムとを融合させていくにあたり、鶴見さんは、生物学者今西錦司の棲み分け理論と物理学者槌田敦のエントロピー論を援用する。それはそれで理解できるが、ここでどうしても私の立場つまり生物学の立場からコメントをしたい。

現代生物学との接点

内発的発展論は、水俣の調査から「人間が自然の一部であること。そして、自然破壊とは外部の自然を壊すことだけではなく人間自身の内なる自然の破壊でもあること」に気づいたところから始まっている。そしてそれを支える考え方を探す過程が前節にあげたさまざまな考え方を融合しようとする試みに見られる。ただ私が少しもどかしく思うのは、この問題に真っ向から取り組んでいる生物科学そのものに触れておられないことだ。ここで取り上げている課題は、まさに二十世紀の生物学の最も重要な発見とつながっており、したがってそれを組み込むことによって鶴見さんの論はより強固な基盤を持つことになると思う。

今ではよく知られていることだが、地球上の生物はすべてDNAを遺伝物質としている。もちろん人間（生物としてはヒトという）も例外ではない。数千万種とも言われる多様な生物が、偶然同じものを遺伝物質として使っているとは考えにくい。考えにくいというだけではない。実際にさまざまな生物の持つDNAを比較すると、同じ構造、同じはたらきのものが見られる。たとえば、ヒトと大腸菌とトウモロコシの持つ糖分分解のはたらきをする遺伝子DNAを比較すると、どう見ても同一のものと言わざるを得ない。生物はすべて基本的には同じであり、同じ祖先から生れたと考えてよいということを現代生物学は明確に示している。

人間が自然の一部であるという見方は、まず、生物学が明らかにした人間も生きものの仲間だという事実によって強く支えられる。ただし、これだけで終ってしまってはまずい。生きものすべてを仲間として捉えることはよいが、一つ一つの生きものは、それぞれ違っており、それぞれの特徴を持っているという事実はどう考えたらよいのだろう。アリはアリとして生き、ヒトはヒトとして生きるのが、生きるということではないか。まさに、生物たちの「内発的発展」(私の言葉を使うなら自己創出)である。人間を特別なものと考えるのは実態とは違う。人間だけが偉いという物指しで自然界を見るのは間違っている。それは、ヨーロッパを中心に、その発展の方法のみを尺度として社会を見るのは間違っているというのと同じだ。そこで、鶴見さんが発見なさった、それぞれの土地にある尺度を用いた発展を求めてこそ、世界がより暮らしやすいものになるという考え方は、アリはアリとして生きていることが素晴らしいのだという見方と重なる。

実は、生物学における〝内発的発展〟については、幸い、全体を整理する方法論が見つかっている。もちろん、これが唯一の方法というわけではなく、当面私が最も有効と見ているものだということはお断りしておかなければならないが。「ゲノム」という切り口だ。ゲノムは、ある生物を構成する細胞の核内に存在するＤＮＡの総体をさし、その生物をその生物たらしめる基本情報を持っている。ヒトはヒトゲノムを持ち、アリはアリゲノムを持つわけだ。ＤＮＡという共通の物質でありながら、それぞれの生物の内発的発展を支えているのがゲノムだと言える。

ゲノムという切り口で見ると、生物にある普遍性、多様性、個別性を相互に関連づけながら見ることができる。その関連は、具体的には、すべての生物が共通の祖先から生れてきたという形で解くことができ、ゲノムの中に入っている歴史を解読するとヒトはどのようにしてヒトになり、アリはどのようにしてアリになったのか、更にはヒトとアリはどのような関係にあるのかがわかってくる。

ところでもう一つ、鶴見さんが気づかれたことに「内なる自然の破壊」があるが、これもまさに今、ＤＮＡ研究から見えていることだ。私は、「内なる自然」という言葉で表現されるべきものは、単に人間自身が他の生きものと同じ物質でできているので、自然の破壊は自らの破壊にもつながるというところに止まらないと思っている。内なる自然として大切なことは、生きものとしての私たちの中にこめられた「時間」なのではないかと。これもまた、当面「ゲノム」から見えてくる。私という存在は、生命の起源以来、四十億年近い時間を経て生れたものであり、その歴史を背負っている。もちろん、アリも同じだけの歴史を持って生れたものだ。その歴史がゲノムに書き込まれており、私たちが暮らす一生は、ゲノムを読み解きながら進められていくのだ。この時間は変えられないし、変えてしまったら意味がない。これこそ「内なる自然」の本質ではなかろうか。

これまで述べてきた事実を基にして私は、生命科学という近代化論の権化とも言える学問を充分生かしながら、しかしそれとは価値観をまったく異にする「生命誌（バイオヒストリー）」という分野を考え出し、その研究を始めた。生命誌は、生物学における内発的発展論と言える。そこで、人間社会における内発的発展論を更に深め、広げていくためには、生命誌を活用していただきたいと願うのである。

アニミズムについて

ここでいよいよ、これが〈魂《こころ》〉の巻とされている所以であるアニミズムと現代生物学の関係に触れなければならない。鶴見さんは、日本の近代の初めに農山村に存在したアニミズムの自然観を「遠野物語」で描いた柳田国男、アニミズムを生物学などの学問と結びつけた南方熊楠、霊長類学や進化論などを研究したうえで「自然学」を提唱した今西錦司に注目し、アニミズムの自然観が、暴力のより少ない科学・技術を築く動機づけとして役立つのではないかという仮説を立てておられる。

ここで述べられたことにまったく異論はない。しかし、二十世紀の生物学は急速な展開をしたので、最新の成果にも眼を向けていただきたいのだ。すると、前節で述べたように、ここであげられた三先達が感じとっていたことが、科学的事実を裏づけとして語れる状況になっていることに気づいて下さるはずだ。DNAを基本にして多くの人と語り合った私は、アニミズム的感覚は、明治の日本だけでなく現在の日本にも、またキリスト教によってそれが異端として追い出されたはずの西欧も含めて多くの地域で、人々の心の底に存在していることを知ったと思っている。人間をも含めてあらゆる生物が共通の歴史を持ち、人間は特別の存在ではないことを示す「生命誌」について語る時、欧米も含めた世界各地の人々が共感をもって受け容れてくれるという体験を度々したからである。

鶴見さんは、アニミズムの魂とは、自然と人間との間に互酬の関係があるという信念、自然に対する限りない親しみと怖れ、死と生の間の交流の三つに整理できると書かれているが、これは生命誌の基本でもある。自然と人間の関係についてはすでに述べた。そこからは、自ずと自然への親しみと怖れが生れる。しかも親しみは、馬や狐に対してだけ生れるのではない。大腸菌だって仲間だという感覚は生命誌を学んでいるうちに私の中に自然に湧き出てきた。しかも、地球上の全生物が四十億年近い歴史を背負っているという事実は、生きものの存在そのものへの畏敬を呼び起こす。そして死と生。実は、DNA研究は、生の中に死があり、死あってこその生であることを示したのだ。その一例がアポトーシス（細胞死）である。私たちが、人間の形をして生れてくるためには、胚の頃に体を作りあげる細胞の一部が死ななければならない。生れるためには死が不可欠なのである。生と死は入れ子になっている。

アニミズムは、直観で感じとった自然の素直な表現であろう。現代科学も今、分析・還元という一面的な自然への対処のしかたに限界を感じ、自然そのものに向き合おうとし始めているのである。共に自然そのものを見るのなら、同じものが見えてくるのは当然だ。アニミズムと科学は、従来、最も遠いものとされてきたが、今や共に「自然そのものを見ようとする人間」の心にあるものとしては、最も近いと考えてよいのではないだろうか。

私がＤＮＡ研究にこだわるのは、アニミズムを基本にした暴力のより少ない科学・科学技術の具現化を求めるなら、現代科学研究の成果の活用が最も有効だと思うからだ。ただしそれは、水俣病を引き起したのと同じ効率主義の中で用いられてはならない。科学者、技術者が、自然そのものを見ようとする人間になることが不可欠だ。それは、科学を捨ててアニミズムに帰ることではなく、科学が、アニミズムと同じく自然を見ていることに気づくことだと思う。

科学者、技術者が自然を見ていることに気づくと具体的に何が起きるか。その一つが、科学や技術について、数字や式ではなく日常の言葉で語るようになることではないかと思う。シャマニズムについての詳細は知らないが、その中の一つに、自然の語ることを人々に語り継ぐという役割があるように思う。私が生命科学から生命誌へ移行した時気づいたことはたくさんあるが、その一つに表現の違いがある。同じDNAの研究でありながら、生命科学の場合はそれを数値や記号で表現する論文という形の発表で完結したと思っていたのに、生命誌となると数値や記号に閉じこめることができない物語、いや数字や記号までが何かを語り始めると感じるようになったことだった。生きものたちが語る壮大な歴史物語を読み取り、それを多くの人に語ることが生命誌の研究なのである。

あれこれ書いてきたが、「鶴見曼荼羅」が描き出す世界観は、今私たち人間が人間として生きる道を探るための重要な方向を示していることは間違いない。私たちが人間らしい生き方を求めるなら、日常生活からも、学問からも、とにかくあらゆる人間活動から、ここで示された世界観につながるものを探していかなければならない。それは、鶴見さんが指摘されるように、地域や性などの特性を生かし、人間およびすべての生物の過去・現在・未来を通じての共生の道を探すことである。

この巻の標題である〈魂《こころ》〉は、「鶴見曼荼羅」の核に存在するものであり、今多くの人、多くの学問がその核に向って道を探している。人間は、それだけの知恵を持った存在だという気持を一段と強くしながら、解説とは程遠くなってしまったことを詫びつつ、この文を終らせていただく。

（『鶴見和子曼荼羅Ⅵ　魂の巻』解説、一九九八年より）

第1場

近代科学の鬼子として

「最も遠いようで最も近いもの」

鶴見　今日、とくに中村桂子さんに教えていただきたいと思いたちましたのは、『鶴見和子曼荼羅Ⅵ　魂《こころ》の巻』の解説を中村桂子さんにお願いしたのがきっかけです。この巻は「水俣・アニミズム・エコロジー」という副題がついているんですけれども、これが私にとってショッキングな、そして非常にありがたい解説だったんです。中村さんは「生命誌」*という、近代の生命科学の中から生まれた新しい分野を開拓なさったわけですが、解説の中で中村さんがこういうことを書いていらっしゃるんです。「生命誌は、生物学における内発的発展論*と言える。そこで、人間社会における内発的発展論を更に深め、広げていくためには、生命誌を活用していただきたいと願うのである」。そしてその前に「〈内発的発展論で〉取り上げている課題は、まさに二十世紀の生

*生命誌　生物学の最先端であるDNA研究の成果を踏まえ、約四十億年という平等な歴史を背負うものとして、人間を含むすべての生物の多様性と相互の関係を捉え直そうとする、中村桂子の提唱する理論。
*内発的発展論　イギリスやアメリカと同様に近代化することを良しとするのではなく、それぞれの地域がそれぞれの自然生態系とそれぞれの文化にしたがって、住民の創意工夫によって発展の道筋を創り出すことを提唱した、鶴見和子の社会理論。

物学の最も重要な発見とつながっており、したがってそれを組み込むことによって鶴見さんの論はより強固な基盤を持つことになると思う」。私、そこにショック受けたの。

中村 生意気なことを申し上げて、申しわけありません。

鶴見 私は現代生物学というものを全然知らないから、こりゃ大変だ、勉強しなくちゃだめだと思って、それからずっと教えを請いたいと思っていました。今日になって大変ありがたいと思います。今日はいろいろ教えていただきます。

中村 こちらこそ教えていただきたいと思ってまいりました。よろしくお願いいたします。『鶴見和子曼荼羅』が今この時に出されたということはとても意義深いと思うのです。普通は個人の仕事をまとめる時は「全集」としますね。それを「曼荼羅」としてお仕事をおまとめになったところがとてもすばらしいと思いました。全巻を拝読すると、時代によってテーマや見方が動いており、さまざまな側面がありますね。けれどもそれらはけっして関係のないものではなくて、全体がまとまっている。それが、論理的に全部筋が通るようになっているのではなく、なんとなくつながっているというところがあり、その真ん中に鶴見和子という存在がある。そこがいかにも曼荼羅という感じですね。

私も、これからの学問は全部が論理的に一つのことにまとまって、「○○学」となるものではないと思っているのです。学問が、自然、生命、人間などに直接挑んでいかなければならないところへ来ている。自然にしても、人間にしても、論理でできあがっているものではありません。近づいていく学問の方も、全部筋道立てていくというのではなくて、関係づけていくことになるのではないでしょうか。この「曼荼羅」という名前は、これからの学問を示唆しているという気がするのです。そういう意味で、これは時代を映したすばらしい御本ですね。

ただ、鶴見さんの学問の基本は社会学。私は生物学ですから、研究の対象も方法論も違います。最初に何を勉強したかということは大事で、後になって考え方が展開していっても、どうしても最初に学んだことが基本になると思うのです。これは一面では制約ですが、実は自分のアイデンティティの基盤でもある。ですから私は若い人にはまずディシプリンとして確立した学問を勉強することを勧めています。それはともかく、社会学と生物学という違いがありますから、解説の依頼があったとき、最初は困ったのです。ですから解説の題にあるように、まず「最も遠い」というところからはじめました。

鶴見 そう、題がとっても面白い。「最も遠いようで最も近いもの」。私、それに気がつかないでいて、ハッとしたの。

中村 ところが、最初は遠いことを頼まれたと思って書いているうちに、いや、とても近いと思い始めたのです。ですから、最後に題を「最も遠いようで最も近いもの」としました。なんと言ってもこの巻での鶴見さんのお仕事の基本は「内発的発展」。ものごとは自分の中から出てくるものであり、それを生かすのでなければ意味のあることはできないとおっしゃっているわけです。この意識、この見方は一〇〇パーセント私と鶴見さんの共通する点です。まず、二人とも西洋で論理的にできあがった学問を一生懸命勉強しましたよね。

鶴見 そう、一生懸命勉強した。

中村 私は生物学、鶴見さんは社会学ですが、西洋でできあがったものをなんとか自分のものにしようと思って、一生懸命勉強したというところが共通していると思うのです。ところで、もう一つ共通しているところは、それが自分の日常と結びつかないとまったく納得できない。

鶴見 そうなの。感覚ね。それは女だからということもあるかもしれない。

中村 あるかもしれません。もしかしたら、日本人だからということもあるかもしれない。私は、西洋の論理的な学問は好きなんです。

鶴見 ええ、私も好きなの。

中村 大好きなんだけれど、勉強したことが自分の日常と結びつかないととっても嫌なんです。

鶴見 不安なのよ。安心できない。

中村 そうなんですね。現代の学問は自然科学に限らず社会科学も普遍性・法則性を基本に構築されていますね。ところが、生きものも社会も現実に接しているものはさまざまですよね。むしろ多様であるからこそ面白いし、意味があるように見えます。すばらしいお手本があってそこへ向っていくというものではない。そこで鶴見さんは「内発的発展」という切り口を探し出し、いろいろな社会が自分の中に持っているものを基本に展開していくのが本当の姿だとおっしゃった。私もさまざまな生きものが自分自身が持っているもので生まれ、生きていく、そのことがすばらしいのだと思ったわけです。アリはアリでちゃんとアリとして生きているじゃないのって。

鶴見　アリアリ、、、と生きている。(笑)

中村　人間は自分を最高の生きものときめつけたうえでアリを見るものですから、ちっちゃくて、たいしたこともできないと思うけれど、実は、アリはアリとしてみごとな生き方をしているわけです。生きものの場合、それぞれの生きものが独自のゲノムを持っていて、それを基本にして独自のものが生れてくることがわかっていますので、私はそれを「自己創出」と呼び、それぞれがそれぞれとして生きていくのをそのまま見て行こうとしたのです。社会と生物という点では違っているけれど、とても重なっているところがある。違うところと重なっているところがあるのです。生命、人間、社会、自然を対象とする学問は、そのようにして重なって「曼荼羅」をつくりあげていくのではないかと思ったのです。それでお話し合いをさせていただくと何かが生れるような気がしています。

鶴見　ありがとうございます。私は、おっしゃってくださいましたように、アメリカ社会学の中の近代化論*を一生懸命勉強してきた。で、私の内発的発展論というのは、近代化論の「鬼子」

●ゲノムとは何か

「ゲノム」を基本単位と考えようというのが、生命現象をつきとめて行った結果得られた視点である。還元論的方法の応用が大成功して、生命現象を支える素粒子とでもいうべき「遺伝子」の実体が捉えられたと思ったけれど、それは必ずしも日常的にわれわれが眼にする生命体のありようを語るのにはふさわしい単位ではない。ゲノムになって初めて生命体を産み出すのに必要な基本情報をその中に持っている。しかし、実はゲノムがあっても、それだけでは何も出来ない。ヒトゲノムをそっくりそのまま手に入れたとしても、それがコップの水の中に溶けこんだ状態で存在したのでは何ごとも起きない。それが機能するためには、細胞という場が不可欠なのである。(中略)ここで興味深いのは、細胞という場に入ったゲノムは、自分自身の〝複製〟をすると同時に、場として働いた細胞をも〝複製〟するということである。(中略)しかし実際の生物で起きていることを詳細に追うと、「まったく同じものを作る」という言い方をしてよいのかどうか疑問がわいてくる。(中略)ここまで述べてきた内容を忠実に表現しようとすれば、ゲノムが次のゲノムを作る作業は複製とは言い切れない。最初にゲノムは〝複製〟すると条件つきにしたのはそのためである。周囲からの情報も取り入れながら少しずつ変化したものを産み出していくのだから。そして新しいものを創り出していくのだから。そこで自己複製系よりは自己創出系と呼ぶ方が実態に合っていると思う(**左頁図**)。

(中村桂子)

(中村桂子『自己創出する生命』哲学書房、九二〜九七頁)

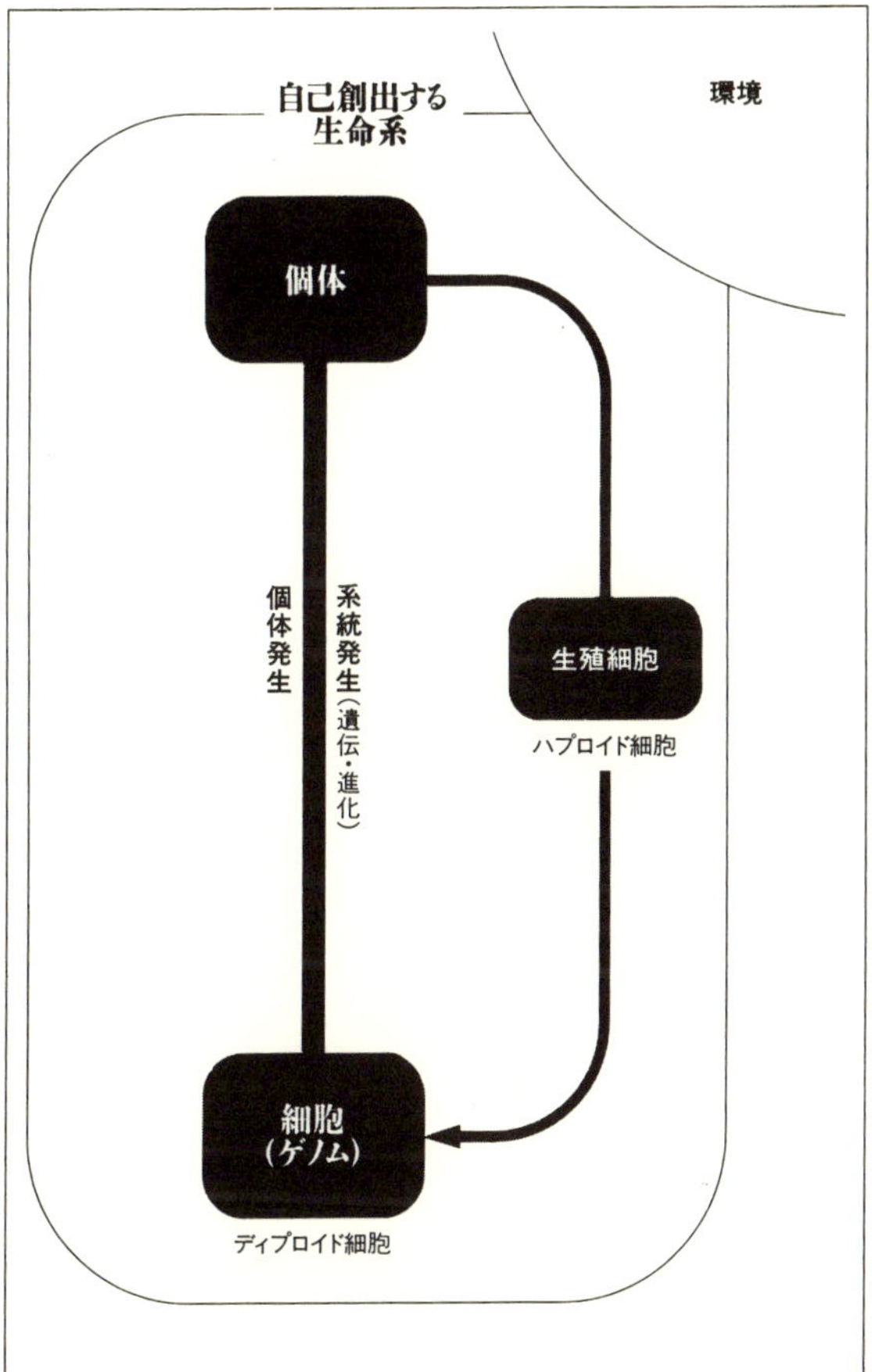

【図8】自己創出系としての生命
「ゲノム」、「細胞」、「発生」がキーワードとなる。（その陰にハプロイド、ディプロイドの往来という巧みなしくみ）。

なんです。そして中村さんの生命誌というのは、生命科学の鬼子ではなくて申し子だと思うの。だから申し子と鬼子の出会いじゃない？

中村 そうかな。申し子かどうかはちょっと考えてみます。

鶴見 あ、そう。私の内発的発展論は確かに鬼子なのよ。

中村 内発的発展論は現時点では鬼子かもしれませんが、これからの社会学の中では申し子になるんじゃありませんか。

鶴見 それは見方による違いよ。とてもとても申し子にはなれないわ。申し子だか鬼子だかわからないけれど、なにしろ内発的発展論はこの分野の近代科学の中から生まれてきたものなのよ。

中村 そう、赤ちゃんであることは確かですね。

鶴見 それでいて、近代科学とは価値観が違うものなの。

中村 そうです。そこがとても大事なところで、もし価値観が違うものは鬼子だとおっしゃるのなら、生命誌も立派な鬼子です。この赤ちゃんが鬼子か申し子かはわからないけれども、とにかくこれから育っていきますね、両方とも。

鶴見 そう願いたい。

中村 育っていくと思いますよ。価値観が変らなければこの先危ないですもの。

生命科学から生命誌へ

鶴見 私がとくに生物学者としての中村桂子さんにうかがいたいことは、私は近代化論をやってきて、その方法論をもって水俣に入っていって、水俣調査を始めたの。調査というのはおこがましいから、私は水俣病[*]の患者さんたちに出会って、そこでその方たちの、中村さん流にいえば、一人一人の物語を聞いていった。そこで私が学んだことは、人間は自然の一部である、ということ。その人間が自然を破壊したのが水俣病の原因ですね。チッソが水銀を廃水にたれ流す。水銀で汚染された海からとったお魚の中には、食物連鎖でだんだん毒素が濃縮されていく。それを最後に人間が食べて、人間自身の内なる自然――人間の身体は自然ですから――が破壊される。身体が破壊されるだけでなくて、人間と人間の関係も破壊されたんです。村の人と人との交わりが

＊近代化論　西欧は長期間かけて近代化を実現したが、前近代にとどまっている非西欧の後発諸国・旧植民地諸国も別のコースをたどりつつ同じく近代化を達成するとする議論。アメリカの社会科学者を中心に展開された。

＊水俣病　チッソ水俣工場からの廃水に含まれた有機水銀が魚介類を汚染し、それを食べた人間が発症する有機水銀中毒。一九五六年から水俣湾を中心とする不知火海一帯で発生した。鶴見和子は、一九七六年「不知火海総合学術調査団」（色川大吉団長）の一人として初めて水俣を訪れた。

破壊される。一番先に破壊されたのは家庭です。親子の関係、兄弟の関係、それが破壊され、ばらばらになったんです。

これをどうするかと考えたときに、近代化論からは答が出ない。どうしてかというと、近代化論というのは、人間を自然から切り離してしまった。そして自然と人間の関係について深い配慮を持ってないのよ。それが私が学んだ時代、一九六〇年代のアメリカの社会学の近代化論だったんです。だから私は途方に暮れた。どうしたらいいかと思って、一人一人の患者さんの個人史を聞き書きするところから始めたの。生命というものと切り結んでなかったのよ、社会学の近代化論は。

中村 私がいま「生命誌」ということで抜け出した生命科学は、恩師である江上不二夫先生[*]がお考えになったものですが、一九七〇年に生まれています。鶴見さんがおっしゃったように、近代化の結果として生じた水俣病は、科学者にとって衝撃でした。原子爆弾によって、素晴らしいと思われていた科学の成果の悪用ができるとわかった時の衝撃よりも強かったと言ってもよい。社会にとってよいものを生産しようとしていたのに、その結果恐ろしいことが起きるわけですから。とくに生物を研究している者にとっては大きな問題でした。

そこで科学技術を否定するという方法もありうるわけです。けれども生物学者としては、技術の否定はできません。地球上にはさまざまな生きものがおり、それぞれの生きものは、自分の持っている能力をフルに活かさなければ生きていけません。クマもライオンも自分の力を活かして生きている。ヒトという生きものは、裸の状態では能力がないというか、弱いものです。泳ぐこともそれほど上手ではないし、力もない。ヒトが持っている能力は、大きな頭と手、それから言葉です。それを使って生きるということは、毛皮の代りに着るもので暖かくするとか、道具を使って食べ物をとったり作ったりするとか、つまり「技術」を使って生きていくということです。ヒトという生きものは、技術を使って初めて生きていけるものとしてつくられているのです。ですから技術を否定してしまうと、ヒトとして一生懸命生きてはいけないということになる。つまり生物学の立場としては技術そのものは否定できないのです。

七〇年代には、科学技術否定論がたくさん出ましたが、それはできない。そこで、何がいけなかったのだろうと考えたときに、一つは、さっきおっしゃった食物連鎖ですね。あのとき、なぜ海に水銀を捨てたかというと、あんなに広い海ですから、捨てたら広がって薄まると信じていたわけです。じつは生物が次々と食べていくと、濃縮されていくということを意識しないで流してしまったのです。どんどん広がって薄まるというのは、物理的な考え方です。何かを捨てれば自

*江上不二夫（えがみ・ふじお）　一九一〇〜八二年。生化学者。四三年名古屋大教授、以後、東大・埼玉大教授を歴任し、七一年三菱化成生命科学研究所所長。日本の核酸研究の先駆者。オパーリンの後をついで国際生命の起源学会会長。『生命の科学』『生体の化学』他。兄は江上波夫。

然に広がるというのは、物理の法則です。ところがそこに生きものがいると濃縮される。それを考えなかった。生物学が社会での科学技術の使い方を考える時にまったく生かされてなかったということです。それに気がついた江上先生は、生物理解を基礎に置いた科学技術をつくっていくための学問が必要とお考えになったのです。それを「生命科学」と名付けた。一九七〇年という時にすばやくそのような考え方を出されたことはすばらしいことだったと思います。

けれども、生命科学で解決するかというと、そうはいきません。そこには近代の学問としての科学がもつ問題点が二つありました。一つは、生物をも機械とみなすということです。生きものを生きもの独自のものとして見ない。もう一つは、鶴見さんがおっしゃった、人間が自然の一部なのだという見方が入っていない。人間は外にいて、対象を科学的に研究していけばいいということになっていたのです。そこがまちがっていたと思います。この二つ、つまり生物は機械とは違うということと、人間は自然の一部だということにしてやり直すとなると、生命科学ではなく、生命誌になるというのが、今の私の立場なのです。生きもののなかに人間も入りこんで、入りこんだ一つの存在として技術を使っていこうとするなら、そのときの技術はどうあったらいいのだろうと、もう一回考え直そうと思ったのです。生命科学の誕生から、生命科学を抜けて生命誌へ行くという三〇年ほどの時間を一口でお話ししてしまいましたが、出発点は水俣を含むいわゆる公害問題にあったのです。

第2場

内側からの学問を創る

類型論としての「エンド」と「エキソ」

鶴見 そこで中村さんのこのご本、『自己創出する生命*』の三六頁に表があるのね。これがまさに中村さんと私の問題意識が重なるところだと思うのよ。一番最初のところに、「エンド（endo）」と「エキソ（exo）」というのがでてくる。この問題が、今日の二人でお話しするなかで、初めから終わりまでずっとつながってくると思うの。

中村 エンドというのは「中・内」ということですね。

鶴見 「中・内側で」ということね。エキソというのは「外側で」ということね。

中村 さっきお話しした科学は、人間が外にいて自然や生物を見ているのでエキソです。

鶴見 そう。それでエキソとエンドの意味の使い方がいろいろあるの。それでまず、私の内発的発展論をちょっと説明しないと、何を言ってるのかわからないと思いますので、それにくっつけて申し上げます。近代化論の中でタイポロジー（類型論）がある。これはパーソンズ*の類型論

---

*『**自己創出する生命**』哲学書房、一九九三年。
***パーソンズ**（Talcott Parsons）一九〇二〜七九年。アメリカの社会学者。アメリカ社会学の経験主義偏重を批判、理論と調査の総合をはかり行為の一般理論を提唱した。『社会的行為の構造』他。

基本理念		知の体系		自然とのかかわり	技術の性格
生命（神話）		創生，全体，関係，多様，日常，物語（口伝），五感（六感）	（エンド）	［人・自然］アニミズム	狩猟，採集，農業
理性	ギリシア（プラトン）**イデア**	全体——自然哲学（統一）——モデル ——自然誌（多様性）		［神・人・自然］	
	中世（スコラ・キリスト教）**神**	自然哲学（統一性）		［神］［人］［自然］	
	近代（科学）**啓蒙理性**	普遍性，論理性，客観性	（エキソ）	［人］［自然］	機械（時計）科学技術 自然からの離別
生命（新しい神話）		普遍性——自己創出（自己組織化）——多様性 歴史，関係，日常，物語	（エンド）	［人工・人・自然］	自然と調和する技術 ヴァーチャル・リアリティ（コンピュータ）

（中村桂子『自己創出する生命』36頁より表1）

ですが、近代化するときに二つの異なるタイプがある。一つは、自分の社会の中から生まれたお手本をもって発展の筋道を決め、発展の方向性を決めていく。これがエンドなの。endogenous development、つまり内側 (endo) で生まれた (genous) 発展 (development)。それが内発的発展なの。そしてそのお手本は何かというとイギリスです。つまり一番先に近代化した、工業化した社会だから。それから現代ではアメリカです。アメリカがもっとも近代化された社会だと、近代化論では考えているの。そして後から来たもの——後発国、後から近代化に向かって進んでいく社会——は、アメリカやイギリスのお手本がもうできているから、自分からつくらなくてもよく、外側からお手本をもらって、それに従って発展していく。こういうふうに先発近代化と後発近代化という非常に大きな類型をつくってしまったの。それをずっと私は学んできて、近代化というのは何かというと、イギリスやアメリカのように経済的に繁栄して政治的に安定した社会に、遅かれ早かれ地球上のすべての社会がなることだ。そういう社会に一番近いものが進んだもの、それと一番違うのが遅れたもの、そういうふうに比較していくわけです。それを習って、それに疑問を持ったのよ。

中村 明治時代の日本はまさにそういう感じでヨーロッパに追いつこうとしましたね。

鶴見 そうなのよ。追いつけ追い越せというのは、その考えだったの。

中村 あらゆる制度などもみんな学んで、かなり優等生でしたでしょう。

鶴見 ところが、一生懸命お手本を習ってやってきたら、たとえば水俣の問題のような、ものすごい公害になった。そして人間が破壊されてきた。それをどうしたらいいかと考えると、お手本の通りにどんどん進めていけばいいということではない、ということがわかったわけ。じゃあ、どうしたらいいか。水俣の患者さんたちのあいだから起こってきた新しい運動は、それぞれの地域にはそれぞれ特徴のある自然生態系があり、それにもっともふさわしい形で世代から世代に受け継がれたそれぞれの文化がある。その文化に深く根ざして、そしてその地域の住民の必要に応じて外のものでもいいものがあれば取りいれて、住民の創意工夫によってそれぞれ発展の道筋をつくりだしていく。それが内発的発展論だと私は考えた。

だから、それぞれの地域で、それぞれ違う形、それぞれ違う経路の発展があっていい。だけど非常に大事なことは、近代化は経済発展、経済成長が指標で、それによって測る。ところが内発的発展は人間の成長が目標で、持って生まれた可能性を十全に発現するような社会を目指す。そうすると経済成長は条件であって、指標じゃない。目的じゃないのよ。目的は人間がそれぞれ持って生まれたものを、思いきり発現することなの。だから、後発とか先発ということは言わないで、すべての社会、すべての地域は、それぞれ内発的に発展していくのがよいことだという。ここに価値観が入るのよ。それが私の内発的発展論なので、これは近代化論の鬼子というわけよ。

多様性が生物の世界を支える

中村 おっしゃる通りですね。内発的発展論は、生物研究からも出てきます。おっしゃるように自然生態系が生活を支える基本であり、それは地球上のさまざまな場所でそれぞれ特有なものだからです。更には、内発と言った場合に、人間だけでなくて他の生きものも考えます。さまざまな生きものがいて、それぞれが内発的発展の可能性を持っていると考えるわけです。身の回りにネコもいればイヌもいれば植物もある。ネコとイヌを比べてどっちが立派なのといっても仕方がない。

鶴見 それは仕方がない。好き好きだもの。

中村　それぞれがそれぞれの特徴を持って、そして思いきり生きている状況が自然生態系をつくってきたわけです。ここには、どれがよいとか悪いとかいう判断はありません。生物界は、だから続いてこられたのだと思うのです。生物の世界を見ていて、一番すごいと思うのは、やはりこれほど長い間続いてきたことです。三十八億年ほど前に生きものの起源があって、そこからさまざまなものが生じてきたわけで、多様化しつつ続いてきました。六千万年ほど前に恐竜が滅びた例がよく知られていますが、それ以外にも全生物の九〇パーセント近くが滅びたという例もあり、大変な経験をしてはいるのですが、生命、生きものがすべて消えたことは一度もなく、ずっ

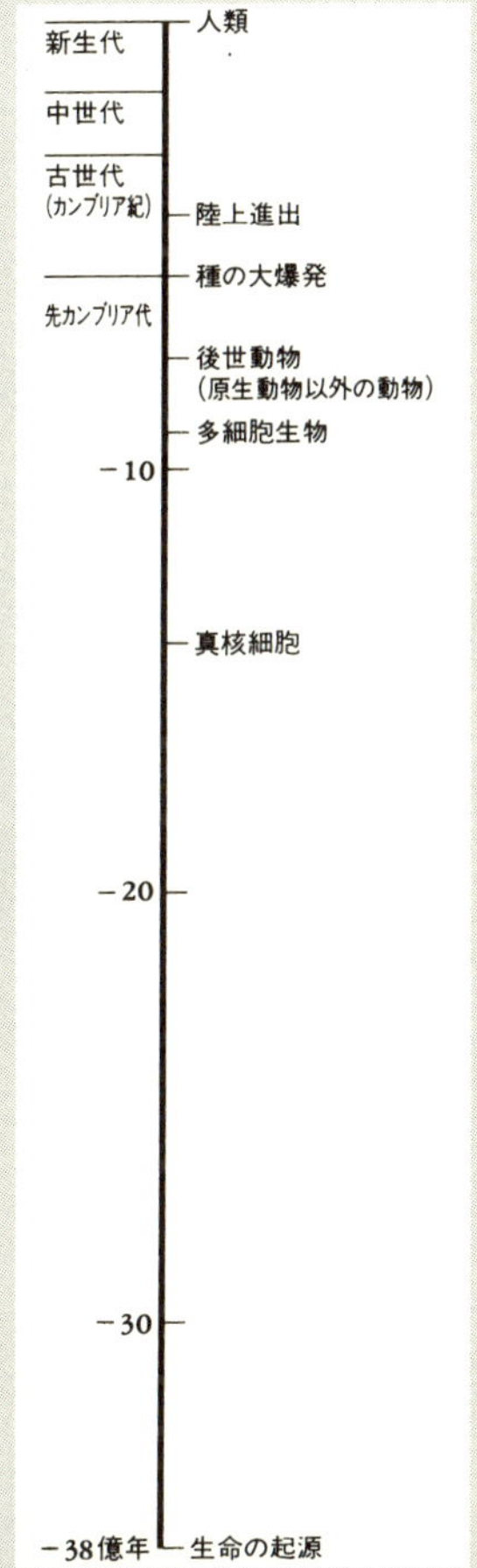

生命の歴史年表
長い準備期間を経て、多細胞生物誕生から陸上進出まで、地質年代の中でいえば、短期間に重要なことが次々と起きた。その基本は真核細胞の中にあったのではないか。
（中村桂子『自己創出する生命』142 頁より表 5）

と続いてきたのです。スノーボール*といって、六億年ぐらい前に地球全部が凍った時があるのではないかという話も出てきました。氷河期どころではなく、驚くほどの低温になっても、とにかく絶えずに続いてきたわけです。では、なぜ続いてこられたのかと考えると、それぞれがそれぞれの能力をフルに活かしてきたからでしょう。どれか一つだけになったり、どれかが威張ったりするのでなく、全体として一つの生態系をつくってきたからこそ続いてこられた。どれがよいとか悪いとか言わないところがみそ。ですから人間も、子供たちの時代、孫たちの時代に続いていってほしいと思うなら、とにかく多様なものが、それぞれの能力を生かすという形がいいのではないでしょうか。鶴見さんがおっしゃる、それぞれの社会がそれぞれのものを活かして生きていく内発的発展論は、生態系を見たときに、こうやると続いていくというやり方と重なるのです。

鶴見 そうなの。私がなぜそれがよいことだということをとくに強調するかというと、社会学の中には、価値自由的なやり方が正しい科学であるという考え方がある。マックス・ウェーバー*が価値自由性ということを非常に強調するの。私もそのなかで教育されてきた。私はそこから抜けだしたい。つまり価値自由といっても、価値自由の裏に価値観が入るのよ。

中村 そうですね。

鶴見 社会学の方法にはこういう方法とこういう方法があります、どっちをとりますかというときに、こっちは価値自由だからとりますといったら、価値自由の方が価値があると言ってるのよ。だからどうしても価値観が入るの。それで私は、価値観が入ってよろしいと開き直っているわけです。

中村 そうですね。科学は客観性、論理性を基本にしますから、価値自由ですけれど、生命誌は歴史としてみますので、生きものの中に入って物語を作っていきます。その時に、すべてのもののあるがままをよしとするわけですから、これも価値観なのでしょうね。そして、とにかく、こんなに続いてきたお手本があるのだから、人間も一員である自然界、生物界をよく見て、ここで行われていることを基本にするという選択をすればうまくいくのではないかと思っています。つまり私はそこで自分の価値観を入れています。ただ、生物界にはどれがよいとか悪いとかいう意味での価値判断はないのです。

鶴見 ない。そうです。

＊スノーボール仮説　一九九八年、ハーバード大学のホフマンが提唱。約六億年前に地球全体が凍結するほど寒冷化したとし、地球の気候はずっと安定してきたという考え方への異論として大きな反響を呼んでいる。

＊ウェーバー（Max Weber）　一八六四〜一九二〇年。ドイツの経済学者、社会学者。近代資本主義の成立とプロテスタンティズムの関連を指摘。『プロテスタンティズムの倫理と資本主義の精神』他。

中村 近代の学問はすべて普遍を基本にして、すべて同じにしようとしたわけですが、生物の場合、祖先を同じくする普遍性を持ちながら、多様化してきたわけで、この普遍と多様を結ぶところに意味があると思っています。

鶴見 それで多様性が生物が生きていくために非常に必要だということを、私がほんとうに教えられたのはクストー*なの。あの人は海洋生態学者というのかしら、海底の探検をした人よね。

中村 きれいな映像で語りかけるので説得力がありますね。

鶴見 きれいですよね。私がこういう病気で倒れる直前に、国連大学でシンポジウム*があって、基調講演をクストーがなさったの。その時に、生物界の多様性があるために生きものは生きつづけているのであって、この種類をだんだんに消していくことによって、生物の生きるという可能性は小さくなっていくんだということを、はっきりと、ああいう美しい映像を見せながら講演してくださったの。

その時に、私、ハッと気がついたの。近代化論では、発展とは単系発展で、アメリカやイギリスのような社会になっていく。でもそれでは面白くないし、そうしたら人類の将来、未来というものはないじゃない？　その時にハッと気がついて、やはり内発的発展論で、それぞれ違う発展の形があることによって人類は生き残っていけるんだなということを、そこから教えられたの。

中村 なるほど。やはり生きものの多様性がきっかけになっているのですね。私も生命誌で生命の歴史物語を始めたわけですが、考えてみれば、三十八億年前に始まってさまざまな生きものができてきたということそのものは、ダーウィン*の進化論ですでに言われていることです。ただ私が進化という言葉を使わないで、歴史物語といったのは、進化といいますと、多様なものが生れるというよりは、適者生存でよりよいものへと進んでいくようなイメージで受けとめられる危険があるからです。進化という言葉は英語では evolution。その元となる evolve は「展開する」ということですから、本来一本の道をよりよい方へ進むという意味ではないのですが、進化は、そうは受けとめられていません。とくに十九世紀のイギリスで社会進化論*が流行しましたから。生物にしても、人間というすばらしいものに向う過程が進化であり、バクテリアという単純なもの

＊クストー (Jacques-Yves Cousteau)　一九一〇～九七年。フランスの海洋探検家、記録映画製作者、地球環境学者。四三年、ガニアンとともに潜水器「アクアラング」を開発、海洋科学船カリプソ号で世界の海をめぐる。著書『沈黙の世界』他、ルイ・マルと共同監督した同名の映画も有名。

＊国連大学でのシンポジウム　一九九五年九月一一～一四日の「科学と文化——未来への共通の道」（国連大学・ユネスコ共催）。

＊ダーウィン (Charles R. Darwin)　一八〇九～八二年。イギリスの博物学者。一八五八年、ウォーレスと同時に、自然淘汰説を中心とする進化論を提唱。『ビーグル号航海記』『種の起源』他。

生命誌絵巻　（協力：団まりな／イラスト：橋本律子）

扇の要は、地球上に生命体が誕生したとされる三十八億年前。以来、進化によって多様な生物が生まれ、扇の縁、すなわち現在のような豊かな生物界になりました。真核細胞の登場、多細胞生物の登場、長い海中生活後の上陸や種の爆発など、ドラマに満ちた生物の歴史物語が読み取れます。一つひとつの生きものが持つ歴史と多様な生きものの関係を示す新しい表現です。人間は扇の中にいること、すべての生きものが同じ三十八億年の歴史をもつ存在であることに気づいてください。（中村桂子）

とか、アリというまだ小さくて何もできないものが下等、人間は高等生物という感じがありますでしょう。ところが実際にはそうではなくて、生きものたちは多様になり、現在という時点で、アリも、バクテリアも、キノコも立派に生きている、人間もその一つだというわけですから、下等、高等という言葉はないのです。生命誌の見方を一目でわかっていただくために「生命誌絵巻」を作ったのですが（前頁）、それは扇形をしており、扇の縁の部分に現存生物すべてがいる。原点との距離は、アリも人間も同じなのです。そのように考えたいと思ったので、進化という言葉を使わないで、生命誌、生きものの歴史物語といったんです。ですから、これはクストーの話をお聞きになってお考えになったこととまったく同じです。社会がそうなっているというお考えは生命誌と重なり合います。

鶴見　内発的発展論ということをずっと言ってきて、倒れる前に最後にクストーのその話を聞いて、ほんとうにここで強固な基盤の一つをいただいたと思った。

中村　多様性というのは、強さの元ですね、社会にしても、生物にしても。

鶴見　いろんなのがあるということが大事なのね。みんな同じになったら、みんないっしょに

***社会進化論**　一般に社会は進化し進歩するものだという社会理論で、キリスト教的社会観の崩壊を意味するものとして十九世紀後半に大流行した。ダーウィンの自然淘汰・生存競争という考え方を人間社会に適用した社会ダーウィニズムもこれに含まれる。

死んじゃうもの。心中みたいなものね。

中村 そうです。空地を放っておくといろいろな草が生えて野原になりますね。ところが、トマトだけつくろうとか、麦だけつくろうと思うと、水をまいたり肥料をやったりいろいろと手をかけないと育ちませんね。その土地に合ったさまざまなものは、何もしないでもどんどん育ちます。恐らくお互いが競争したり助け合ったりして、立派な草原になっていくわけです。

鶴見 お互いに助け合ったり、滅ぼしあったりするけれど、結局助け合ってね。

中村 そうです。人間の社会も同じで、世界中を一つの考え方や方法でまとめて一つの方向に進めていこうと思ったら大変だし、それはとっても弱いものになる。

鶴見 そう、弱いものになる。

中村 何かが起きたときに全滅する危険性がありますね。多様にしておけば何かは残る。

鶴見 どこかが残って、またはじめる。

中村 それを生物は四十億年近くやってきたわけです。

鶴見 知恵よね。

中村 そうですね。確かに知恵としか言いようがない。

方法論としての「エンド」と「エキソ」

鶴見　それで、またエンドとエキソに帰るんですけれども、いまお話ししたのは類型論としてだけれども、もう一つ非常に大事なことで、方法論としてのエンドとエキソということがあると思うの。方法論としてのエンドというのは、自然の事物をそれが生きている脈絡、自然そのもののなかで観察する。それが野外観察で、これは伝統的なやり方です。ところがもう一つのエキソというのは、自然の一部を切り取ってきて、それを実験室の中に持ってきて、実験装置を使って、その中で観察する。これは実験的方法で、エキソなのね。外側から見るということ。この違いが、社会学でも自然科学でも大事なことではないかと思うの。

たとえば、今日は南方熊楠*のことをお話ししたいと思うんですけれども、南方熊楠が自然界のあるもの——たとえば粘菌——を見るときには、それが暮らしている、つまり生きているところを観察する。ここに粘菌があったと発見したら、それをじっと見てるのね、長い間。大変なのよ。それで粘菌は、だんだんいろんな形に変形していくでしょう。それを自然のなかでそのまま見て

＊南方熊楠（みなかた・くまぐす）　一八六七〜一九四一年。植物学、微生物学者であり、日本民俗学の創始者。特に粘菌（変形菌）に関心をもつ。真言密教の曼陀羅は、必然性と偶然性を同時にとらえることのできる方法論のモデルであると読み解く。

る。熊楠は、これが非常に大事なことなんだといっているの。ところが同じ粘菌を調べるのでも、たとえば神谷宣郎さん*——国際的に非常に有名な粘菌の研究者で、もう亡くなられましたが——のように、粘菌を取ってきて、実験室に持ってきて、実験装置の中に入れて、自分の仮説を検証するやり方がある。これも非常に大事なことですけれども、これがエンドとエキソのやり方の違いだと思うの。

社会学の中にもエンドとエキソがあるのね。つまりデータを取ってきて、それをコンピューターにかけて計算して、数式で出す。そういうやり方はエキソなのね。人間を外側から見てる。ところが私のやり方はもっと幼稚な原始的なやり方で、水俣の患者さんのお家に訪ねていって、あなたはいままでどういう生き方をしてきたのって、その歴史をずっと聞いていく。一人一人聞いていくからすごく手間がかかるの。同じ水俣病になった人でも、一人一人違う。祖先や親がどこから来たかとか、ずっとここの地元の人だとかいうことからはじまって、ずっと違うのよ。そしてそれをまとめて、そのなかから何を導き出すかということを、その人が生きているその暮らしのなかに自分が入っていって、その人を観察する、その人の話を聞く。そういうやり方とエキソのやり方は、社会学のなかでも違うの。生物学のなかでも違う。それを言っていらっしゃるんだと思うの、エンドとエキソというのは。これは方法論としてのエンドとエキソね。

中村 そうです。

鶴見 もう一ついうと、エンドの非常にむずかしい問題は、たとえば量子力学の観察の理論みたいに、観察者が中に入って介入することによって観察の対象が変わっちゃうということがあるの。

中村 社会の研究でも鶴見さんが聞きにいらっしゃれば、地元の人はちょっと緊張して少し違う対応をするかもしれないし、お入りになったことで社会そのものが変わるということもあるのではないでしょうか。物質界も人間の社会も基本は同じ。

鶴見 量子物理学で、粒子を見ようとすると波動は見えず、波動を見ようとすると粒子は見えない。観察者が介入することによって対象が変わるのよ。だから社会学だってそうよ。そこへ入って行くんだもの。そこに入って行って話を聞いているうちに、向こうも変わるし、こっちも変わる。それがおもしろいのよ。物理学さえそのことに気がつきはじめているのよね。社会科学とか人文科学とかが、まだなかなかそれに近寄ってない。科学といえばエキソが主流であるということを、どう考えたらいいいか。これが私の非常に大きな問題なの。

＊**神谷宣郎**（かみや・のぶろう）　一九一三〜九九年。植物生理学者。四九年より大阪大学教授。戦前、生きた細胞を直接扱う方法がなかった時代に、粘菌に着目し、独創的な方法で原形質流動の分子機構を明らかにした。

共通性と多様性を結びつける

中村 生物学で申しますと、おっしゃったように自然の中へ入っての観察が始まりです。自然の中にいる粘菌などをじっと観察し、記述していく学問は、ナチュラル・ヒストリー、自然史、博物学と言われてきました。アリストテレスがたくさんの生物を記述し整理した『動物誌』*を著していますが、以来、ヨーロッパを中心にたくさんの記録が作られました。

一方で生物には、生きているという共通性があるのだから、それを見ていこうという学問もあります。こちらは顕微鏡が発明されて、細部の観察ができるようになり、細胞が発見されたところから大きく進みます。最初、細胞はコルクでみつかったのですが、どんな生物も顕微鏡で見ると小さな部屋に分かれている。ですから cell（小部屋）と名づけられました。生きものは必ず細胞でできています。細胞でできてない生きものはいません。細胞が一個の生きものもいれば、百個の生きものもいれば、われわれ人間のように何十兆というたくさんの細胞でできているものもいるというように、数は違いますけれども、細胞でできてないものはいない。生きているという最小の単位は細胞なんです。

ですからこれを見ていけば、多様な生きものの共通点を見ていけるということになり、その研究を進めたわけです。しかも細胞の中に、DNA*という物質が入っている。一個の細胞の中に入っているDNA全部のことをゲノム*と呼ぶのですが、それが必ず入っていて、それが生物の性質の基本を決めていくことがわかりました。こうして共通性が見えてきたのが二十世紀の特徴です。

実験室の中で共通性を見ていく研究はとても面白いので、それが研究の主流になりました。二十世紀のDNA研究はとても重要です。地球上の生物すべてが仲間であることを明確に示したのですから。もちろんその中にはヒトという生物、人間も入っています。ただ問題は、あまりにも実験室内でのDNA研究に入りこむと多様性は見えなくなるし、自然も見えなくなってしまう。私は最初に申し上げたように、勉強したことが日常と結びつかないのが不安で、気になる人間な

*アリストテレス『動物誌』　哲学者であり生物学の祖ともされるアリストテレス（前三八四〜三二二年）自身が観察した動物についての知識を集大成したもの。約一二〇種の魚、六〇種の昆虫、五〇〇を超える動物を記述する。
*DNA　遺伝子の本体。A（アデニン）、T（チミン）、G（グアニン）、C（シトシン）という四種の塩基が、AとT、GとCという組合せで対を作り二重らせんを形成する構造をもつために、遺伝子に必要な、子供を作る、体をはたらかせる、進化するという三つのはたらきをみごとにやってのける。
*ゲノム　細胞内に入っているDNAのすべて。これにより、細胞の性質、それをもつ個体の性質、それの属する種の性質がきまる。生きものの基本をきめるので、中村はこれを「生命子」と呼んでいる。

ものですから、多様性はどこへ行ってしまったのだろう、自然はどこへ行ってしまったのだろうと思い、悩んだのです。そこで、ゲノムはDNAであるという点ではすべての生物に共通だけれども、アリの細胞はアリのゲノムを持っているし、私は私のゲノムを持っているとすると、同じだけれど違うではないかということに気がついて、そこから普遍性と多様性の両方に目配りのできる新しい学問が必要と考えたのです。

おっしゃるように、外から見て分析するだけでなく、中へ入って記述していく方法論は大事ですけれども、一方でみなが共有できる方法がないと、学問としては確立しにくいと思うのです。膨大な記述はたまりますけれども、それを整理することがなかなかむずかしい。幸い、生物学はゲノムに注目すれば、共通性からの整理もできるし、多様性も見える。そこで私はナチュラル・ヒストリーに戻るのではなくて、バイオロジーを一回通過したという意味で、バイオヒストリー、生命誌としたんです。

鶴見 なるほど、それでバイオヒストリーとおっしゃるのね。

中村 そうしますと、三百年間ほどかけて科学が積み上げてきてくれた整理の仕方、実験の仕方を活用できます。ナチュラル・ヒストリーでは漠としていてどう整理していいかわからない。だから実験は十分活用しながら、ナチュラル・ヒストリーの感覚は失わない学問をつくりたいと思って、バイオヒストリーにしたんです。幸い、生物学の場合はゲノムというとてもいい切り口があったので一応まとめられた。ちょっと生意気を言わせていただくと、社会学は、たぶんまだそういうものを見つけていらっしゃらないのではないか。それを見つけられると、エンドとエキソが対立するものでなく統合できるのではないかと思うのです。鶴見さんは、エンドとエキソが対立すると思っていらっしゃるから鬼子とおっしゃった。そこをまとめることができると、申し子になると思うのです。

鶴見 申し子になるつもりはないけれど、どうしたらそこが結びつくかということなの。

中村 それを見つけることがいま一番大事ですね。もちろん生物の場合も、決して本当の意味でのエンドの方法論を見つけているわけではありません。ゲノムという切り口で、一歩踏み込めましたけれど、歴史物語の作り方は模索中です。先ほど水俣で話を聞いていると鶴見さん自身も変っていく、そこが面白いとおっしゃいましたでしょう。それがとても大事なことだと思うのです。

エンドというからには、自分自身と対象との間の関係、両者が変化することも含めての関係を見て、そこから物語を作っていかなければなりません。実は生命誌は、さまざまな素材を統合するところまでは来たのですが、最終的な統合の方法は、完全に手にはしていないというのが正直なところです。

鶴見 だけど、いまお話をうかがっていて、また中村さんのご本を読むことによって、それからいま自分自身が半分死んで半分生きてるという状態で——左半身が死んで右半身が生きてる、不思議な状態に私はいまいる——、いま何をといったら、やっぱり生命というものを出発点に置く。生命を媒介としてエンドとエキソを結ぶ。そういう方法じゃないかなって漠然と考えているの。私はこういう状態になってから、とくに生命とは何か、命とは何か、自分の命だけではなくて、この宇宙全体の命というものは何だろうということに非常に興味を持っているの。それでとくにお話をうかがいたい。そしてこれからも生物学者やさまざまな分野の、生命に関係のある学問をしている方の話をうかがいたい。そういうふうに考えているの。

中村 私は社会学を全然知りませんし、まだ人間についてあまりよくわかっていないので、控えたのですが、私の気持ちのなかでも、まさに今生命誌が対象にしている生命を上手に使っていただけるといいと思っています。ただ、今申し上げたように、生命に関してエンドの学問を作っていく作業そのものが、できそうで、完全にできるというところには行かないという状況ですので、あまり偉そうなことは言えませんが、多分、生命に注目することは大事で、しかも生命誌というアプローチは間違ってはいないと思っています。このようなお話を続けていると、必ず方法が見えてくるはずだと思います。

鶴見 というのは、自分の生命がいま消えかかっているの。生命が盛んに燃えていたときは、生命なんて考えなかったのよ。生きるということの方が楽しいことのように思えたけれど、いまは死ぬということはすばらしいことだと考えているの。人間の個体が死んでも、また次の個体が出てくるために死ぬんだから、これはすばらしいと思うのよ。だけど、いまこんな状態になると、生命をまん中に置いたら、いままでわからなかったことがわかるんじゃないかという気持ちがしたのよ。

中村 是非それは考えたいと思います。

第3場

南方熊楠との出会い

生命を総合的に考えるために

――鶴見さんの社会学者としてのお仕事は、南方熊楠との出会いに大きな影響を受けているそうですが、実は中村さんも早い時期に熊楠を読まれたそうですね。

中村 先ほどお話ししたように、生命科学という新しい考え方の学問を、江上不二夫先生がおはじめになり、一緒に考えるようにと言われました。でもその頃は分子生物学*しか知りませんでしたから、何を考えてよいのかわからない。そこで総合的な考え方のためにさまざまな模索をした中で読んだ本の一つです。もっとも全部を読み通したのではなく、気になるところを読んだだけですが。生きものは全部細胞でできており、その中にDNAを持っているという意味では同じなのだから、動物、植物、微生物などと分けずに、生命とはなにかと問うことが大事になってきたので生命科学となったわけです。それまでの生物学との一番大きな違いは、ヒトという生物も対象になったことです。動物学の場合、ネズミもタヌキも研究できますが、生物学としてヒトという生きものを研究しますということは決して言えません。人類学や心理学や医学など人間を対

***分子生物学**　生命現象を分子のはたらきとして解明していく生物学の意であるが、具体的には、DNAを基本に生命現象を解く学問として二十世紀半ばに生れた。DNAのもつ遺伝情報の解明とDNAの二重らせん構造の解明とが基本になった。

●南方熊楠――宇宙観をもった人

実は、一九七〇年代の初め、恩師江上不二夫博士が提唱された「生命科学」という分野に入った時、最初に購入した書籍の一つに『南方熊楠全集』があった。当時、気づかれ始めていた環境問題の解決のためには、科学が外界だけでなく人間自身を知ろうとするものに変らなければならないという意識から生れた「生命科学」だが、それを実体ある学問にしていくにはどうしたらよいか、どこにも手本のないまま模索をするほかなかった。現代科学で人間をも含む生きものを理解し、その成果を生かして、自然をうまく活用しながらそれを破壊しない技術を支えとする社会づくりをしようという目的は先生が与えて下さったが、具体策は自分で探すしかなかった。そこでいろいろな書物を読み、大勢の方に会って、きっかけを探っていた。その中の一つ『南方熊楠全集』で**図1**に出会い、何か感じるところはあったのだが、当時は充分消化できなかった。しかも同じ頃、物理学者の渡辺慧先生（江上先生と高校の仲間で一緒にフランス留学をした）が『生命と自由』（岩波新書）という本をお書きになり、物理学の立場から事としての生命に注目した生命論を特別講義して下さったのに、私はやはり生きものを構成している物質にこだわり、生命現象、つまり「事」もなんとか物質の機能として説明したいと思っていた。物質科学の威力に惹かれていたためにいくら説明してもわからない私に、とうとう渡辺先生は〝君は僕が嫌いなんだ〟と嘆かれた。ドイツ女性を夫人としハワイ大学で教鞭をとられていた渡辺先生だからこそ思いきり日本人だったのかもしれないと、今になって思い、今ならきちんと先生のお話を理解し、議論もできたのにと残念だ。

（中村桂子）

（『日本のこころ「私の好きな人」地の巻』講談社、二四一～二四二頁）

図1

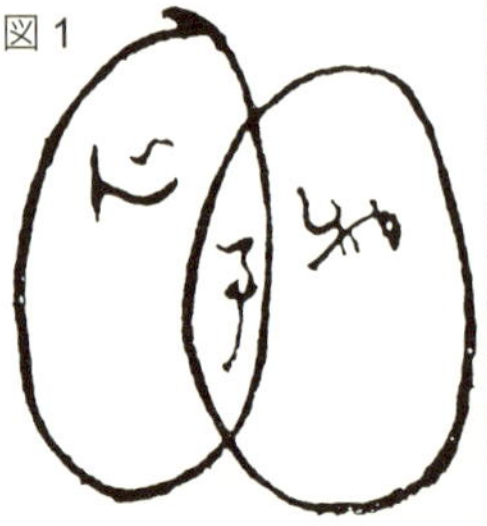

象にした学問はたくさんあります。しかし、ヒトという生きものを研究する生物学はない。ところが生命科学となると、DNAを基本として生きる生物の一つとして、しかも他のさまざまな生きものの仲間としてのヒトが重要な研究対象になります。ヒトのむこうには人間がいるわけですから生物研究としては大きな転換です。

鶴見 ああ、そうすると医学だったの、人間という生物を研究するのは……。

中村 そうです。病気の方から医学として必要な研究はやる。実験では、人間の代わりにネズミを使って研究することが多かったですね。ヒトという生きものを直接対象にして研究しようという生物学はありえなかったんです。ところがDNAを調べるのであれば、生命を奪わなくても研究できます。ヒトゲノム解析計画*では、当面は経済問題ともからみますから病気に関わる遺伝子を調べることが主流でしょうが、行く行くはヒトという生きものを知るための研究が進むでしょう。DNAでみる限り、ヒトも対象にできる、というよりしなければならなくなったのです。ヒトだけ別にしておくのは生物学としておかしいのですから。公害が起きてくるのも、鶴見さん

＊ヒトゲノム解析計画　ヒトゲノム（ヒトの細胞内にあるDNAのすべて）の塩基配列（約三十億対ある）を解明することを目的として一九九〇年から米国を中心に始まったプロジェクト。二〇〇〇年までにその概要は解明され、現在は、そのデータを基にした遺伝子の探索、更には遺伝子の機能の解明へと展開している。

●アニミズム・シャマニズムと暴力のより少ない科学

（1）アニミズム、シャマニズムは、暴力のより少ない科学（および技術）の動機づけの構造となり得る。
（2）アニミズム、シャマニズムは、暴力のより少ない科学（および技術）と知的親近性を持つ。
まず、ことばの定義をしておく。

「暴力のより少ない科学・技術」とは、前述のリートケ博士の著書および講演から示唆を得た。はじめわたしは、「非暴力科学・技術」(non-violent science and technology)ということばを造ってみた。しかし、リートケ博士に啓発されて、「暴力のより少ない」(less-violent)にあらためた。

現在行なわれている支配的な科学・技術の理論および方法を、自然に対して「暴力的」ときめつけ、それにとってかわるものとして、全く暴力をふるわない科学・技術を対置するということは、現実的ではない。人間はその他の生きものを食べたり、傷つけたり、切り開いたりしなければ生きていくことができないことを認めなければならない。そこで必要以上に奪わない、殺さない、という節度を守ることが大切になる。そのいみで、人間および人間以外の自然物に対して、「暴力のより少ない」(less-violent)という表現のほうが適切だと考えるようになった。

（鶴見和子）

（『鶴見和子曼荼羅Ⅵ　魂の巻』藤原書店、二六一頁）

のおっしゃる「暴力的な科学」になってしまうのも、ヒトを中にいれずに、外へ置いたからです。つまりヒトを中へ入れなければいけない状況と、入れられる状況が同時に起きたのが七〇年代初めです。その提唱は、学問と社会の両方を見据えたもので、すごいことだと思います。

鶴見 それが江上不二夫さん？

中村 そうです。

鶴見 江上さんは、ちょうど私がプリンストン大学にいたころ、やはりプリンストンにいらしてたのね。

中村 先生がご存知の江上先生は考古学の江上波夫先生*ではありませんか。波夫先生は、不二夫先生のお兄様です。不二夫先生は、『生命の起源』で有名な、ソ連のオパーリン博士*と親交があることなどが理由で、アメリカへはいらっしゃれなかったのです。一九七〇年という時点でそ

***江上波夫**（えがみ・なみお）　一九〇六〜二〇〇二年。考古学者、東洋史学者。東北アジアの騎馬民族が朝鮮半島を経由して日本に渡来し、大和朝廷を開いたとする「騎馬民族説」を一九四八年に発表、以後日本古代史における大きな論点となる。『騎馬民族国家』他多数。

***オパーリン**（Aleksandr Ivanovich Oparin）　一八九四〜一九八〇年。ソ連の生化学者。原始地球上での生命の起源を探究し、一九二二年コアセルベート説を発表した。『生命の起源』他多数。

ういうことをお考えになったのはすばらしいのですが、先生、どうやって生命科学を進めるのでしょうとうかがったら、そんなことわかるわけないでしょうっておっしゃるの（笑）。

鶴見 人間は実験台にできないからね。

中村 そう言われてしまったので、困って、いろいろ模索をして、外国へ調査に行っていろいろな方にお話をうかがったり、日本でも多くの先生方に教えていただいたりする中で、これまでに生命について総合的に考えた著作はないだろうか、そういう人はいないだろうかということで調べたのです。そして、西洋ではH・G・ウェルズ*の『生命の科学』という大著がありましたし、それからもう一つは、どうもよくわからないけれど、『南方熊楠全集』が全体を見渡しているらしいと思ったのです。

ウェルズ『生命の科学』と『南方熊楠全集』

鶴見 熊楠の中に探しているものがありそうだというのは、あなたが考えたの？

中村 そのころ、この名前を知っている人は私の周りに一人もいませんでした。ただ、当時の仕事の一つとして生命科学をつくり上げていくための本づくりを考えており、その担当をして下さったのが、平凡社の立石巌さんだったのです。その方との話し合いで名前が出てきたのだと……。

鶴見　当時は知っている人は少なかったのよ。講談社の『南方熊楠』を出したとき、「ミナミカタクマクスノキ」とか、「ナンポウユウナン」って本ありがとうございました。何が書いてあるんでしょうって（笑）、そう言われた、私。

中村　現代生物学の研究者で南方熊楠に関心を持っている方はいらっしゃらなかった。

鶴見　そうでしょう。それなのに、なぜあなたがそれに勘づいたの？

中村　とにかく生命科学を組み立てるためには、それまでに勉強したことと違うものをいろいろ探す必要がありました。それで一つぶつかったのは『生命の科学』でした。H・G・ウェルズは『世界文化史大系』、つまり人間の文化の歴史を総括した本を著しましたね。それを書いているうちに、人間が誕生するに至る生命の歴史、生命の科学を書かなければ人間の歴史を描いたことにならないと思ったのです。これはまさに私が求めていたことでした。半世紀前にこれだけ壮大なことを考えて、まとめている人がいるということに驚きました。H・G・ウェルズは、生命のことは自分一人では書けないということで、生物学を勉強していた息子とハックスレー*に協力を求めています。これが一九三〇年に翻訳されて平凡社から出ていました。そちらが先で、平凡

***ウェルズ**（Herbert George Wells）　一八六六〜一九四六年。イギリスの小説家、歴史家。『タイムマシン』『宇宙戦争』などのSF小説の先駆的作品を多数残す。他に、科学と合理主義による進歩という理想を信じ『世界文化史大系』などを執筆した。

社の方にお話を伺っているうちに、南方熊楠の存在を知ったのだと思います。

鶴見　ああ、熊楠の全集が平凡社から出ていたから……。

中村　明確な問題意識があって近づいたというより、近づいてみたら面白かったということです。

鶴見　でも面白いじゃない？　「熊」と「楠」があったから、動物と植物があったから、これは生物学だと思ったんじゃない？（笑）

中村　それは……。（笑）

鶴見　だって、私が人に『南方熊楠』という本をあげたら、これはどこに置いていいかわからないから、おそらく南方の植物と動物の話だと思って、そこらへんに入れておきましたって言われたことがあるの。

中村　当時はそんな認識だったのですね。もっとも私はその時初めて名前を知ったのですから、熊楠という人が、人類学など他の分野で評価されている人かどうかなどということはほとんど考えず、私にとって新しい人と思って接していました。それに熊楠そのものを研究しようとか、何かを書こうとかということではなく、自分の考えを作っていくために参考にしていただけなのです。

鶴見　ウェルズの『生命の科学』も平凡社の本？

中村　実は『生命の科学』はカタログだけで現物はない。平凡社に問い合わせたら、ワンセットだけ社の図書室にありますから、ごらんになりたいならどうぞと言われて目次と総論のあたりだけコピーをとらせていただきました。ウェルズのものを見ても、生命科学は、生物学の中に止まらず、あらゆる学問とつながるという予感はありましたから、物理学、医学、心理学や人類学など、いろいろな分野の方とディスカッションの場をつくったのです。たとえば物理学の朝永振一郎*先生、人間のことを考えようと思って霜山徳爾*先生、医学の山村雄一*先生など、当時の各分

***ハックスレー**(Thomas Henry Huxley)　一八二五〜九五年。イギリスの動物学者。ダーウィンの進化論を強く支持し、進化論の普及に努めた。

***朝永振一郎**（ともなが・しんいちろう）　一九〇六〜七九年。理論物理学者。戦中にライプチヒ大学にてハイゼンベルグのもとで原子核理論を研究、四一年より東京文理科大学教授。四七年に発表した「くりこみ理論」によって六五年ノーベル物理学賞受賞。『量子力学』『朝永振一郎著作集』他多数。

***霜山徳爾**（しもやま・とくじ）　一九一九〜二〇〇九年。臨床心理学者。五七〜九〇年上智大学教授、八九〜九六年東洋英和女学院大学教授。日本の臨床心理学、心理療法の先駆者。『霜山徳爾著作集』他、著訳書多数。

***山村雄一**（やまむら・ゆういち）　一九一八〜九〇年。内科学・免疫学者。九州大学医学部教授、大阪大学医学部長などを経て、七九〜八九年同大学長。細胞性免疫反応の研究に尽力し、抗がん免疫でも業績を上げた。『新医化学』『新内科学』他、著書多数。

野の第一線の方たちをお招きして、生命について語り合いました。いまは異分野間での話し合いがありますが、当時はまったくなかった。先生方も面白がって下さいました。実は今読み返してもそこで指摘されている問題点は重要なものが多いのです。そこで、平凡社でそれを『シリーズ生命科学*』として十一冊にまとめて下さった。五年ほどかけてやったのですが、これが、私の基礎になったと言ってよいと思います。乱暴な言い方ですが、学問は、それぞれ切り口が違うけれど、研究者が求めているもの、見ているものは共通していると思ったのです。自然、生命、人間がテーマです。そこで、分野の違いを気にしないというものの見方ができてしまった。ですから、平凡社の方に教えていただいて南方熊楠を知った時も、切り口は全然違うけれど違和感をもたなかったのです。

鶴見さんを通してまた南方熊楠を見直すことがあるとは思ってもいませんでしたから、今少しふしぎな気がしています。てんやわんやの中で、人間まで含め、自然を見つめる学問を作る時に、こういう人がいると知ったことが、力になったことは確かです。新しいことをやるのに、先生どうしましょうといったら、勝手にやりなさいと言われたんですから（笑）、何でも面白そうなものはあたってみた。その中で印象が強かった人です。ただ私の場合、そこへ入り込むことは無理でした。

実は、『生命の科学』の方は生命の起源から人間の未来まで、総合的にまとめてある圧倒されるような本でしたけれど、役に立たなかった。というのは、一九二〇年に書かれたものですから、生物学の知識が今とまったく違う。それに、やはり英国人の眼で見た世界なので、自分たち先進国と後進国があるという意識で書かれています。そうではない考え方を探しているのに、そういう見方を示されてかえって反撥を感じました。

鶴見 隔たりが大きすぎる。

中村 それで全体を見ることの重要性を知るという点では参考になったのですが、中身は役に立たなかったのです。ところが南方熊楠の方は、古くなってないというか、新鮮で教えられることが多かった。

鶴見 ほんと?

中村 近代科学じゃありませんから、古さを感じず、生きものの観察と伝説の解釈や仏教研究が一人の人間の中で、ある種雑然とだけれど、どこかつながり合って存在するというそのありようには魅力を感じました。結局生命科学を経て到達した生命誌も芸術などにまでつながっていくところがありますから、よくわかってはいなかったけれど直観的に同じようなものを感じとって

＊『**シリーズ生命科学**』全一一巻、三菱化成生命科学研究所編、平凡社、一九七一〜七七年。

いたのだろうと今になって思います。

鶴見 これはひらめきなのね。

徹底的に西洋を取り入れた熊楠

中村 その時わかっていたわけではないのですけれど、いまになって分析すれば、私がやりたかったことは、人間も生きもののなかへ入れるのですから、日本的、東洋的発想を必要としていたわけでしょう。ヒトをエキソにしておかずエンドで考えなさいと言われましたけれど、方法論はない。一九七〇年代に流行っていたものとしてニューサイエンス*がありました。エキソで進めていく西洋型の学問に限界を感じた研究者が東洋思想に解決を求め、とくにカオスに関係するというこことでタオイズム*に関心をもちました。でも、ここで突然タオイズムを持ち出しても真の解決にはつながりませんでしょう。

鶴見 そうなのよ。

中村 そうすると、熊楠は感性としては私と同じものをもっている。それは恐らく東洋だと思うのです。でも徹底的に西洋を取り入れているんです。

鶴見 そう、そこが魅力よ。

中村 欧米一点張りではないけれど、ニューサイエンスでもない。それを探した時に、熊楠だったんだろうと思います。私がいま進めているDNAから出発する生命研究に具体的につながるものはありません。ただ、ニューサイエンスにはいきたくない。しかし人間まで入れるのだから、西洋型だけではだめ。それを探すのには、熊楠を参考にしていこうという気持は今もあります。

鶴見 熊楠の「曼陀羅」というと、ああいうタオイズムみたいなものに結びつける人がいるのよ。あれではないの、熊楠は。それをあなたが見抜いたというのが、私はとても面白いと思う。

中村 ニューサイエンスと既存の枠とのあいだを探す時に、熊楠に共鳴するものがあったのです。それからもう一つは、たぶん鶴見さんの内発的発展論につながると思うのですけれども、科学は物理帝国主義と言われるように統一性を求めますし、欧米中心です。そこには、いろいろなところにいろいろなものがあるという感覚はありません。ロンドンのライブラリーで大量の文献

＊ニューサイエンス　アメリカでニューエイジサイエンスと呼ばれ、近代科学が合理性に徹し無秩序なもの、非合理なものを無視してきたことを批判。物理学者のフリッチョフ・カプラが中心になり現代の理論物理学と東洋思想、とくに道教のもつ神秘主義とが補足し合う新しいサイエンスを主張したが、知の全体に影響を与える力をもつものではなかった。

＊タオイズム　道教。聖なる非人格的根本原理（タオ）を基本とする宗教。中国古来の神仙術など呪術的な民間信仰を中核とし、それに老荘思想、陰陽五行説、大乗仏教などを合わせて成立。

を読んで、あちらの国こちらの国と、欧米以外の場所に眼を向けて比較していくのが面白いと思いました。当時の科学のなかでは多様性は意味のないことでしたから。アジアを見たり、アフリカを見る必要などまったくない。その違いも魅力でした。それはたぶん私の個人的な性質によるところがあります。異質なものを拒否しないところがあります。たとえば大学へ入った時に、たまたま学生部の先生に頼まれて、東南アジアからの留学生のお世話をしました。当時は日本語教育も充分でなく大学の中で放っておかれたのです。

鶴見 そうそう。私も学生を預かったときにびっくりした。

中村 マレーシア、インドネシア、タイなどから、理科系の大学に入って、言葉はわからない、勉強もこちらの方が進んでいる。それで勉強しろでしょう。結局渋谷へ遊びに行ってしまう。ちゃんと勉強して帰ってもらわなければ、彼らのためにはもちろん、日本のためにもよくない。その人たちの家庭教師もしました、ボランティアで。当時は皆欧米を向いていましたからアジアへの関心は低かったのですが、私はアジアの人たちにまったく違和感を感じず、それぞれの国が面白いと思っていたのです。それにしても、熊楠の場合ロンドンで勉強しながら、欧米以外の国の勉強するのは、なぜだろうと思いましたが、よく考えると、資料が一番あるんですね。そういうものを集める英国もすごいし、熊楠もすごい。ただ、そばにいたら嫌だろうなとちょっと思ったりして（笑）。奥さんは大変だろうなと。

鶴見 奥さん（故・南方松枝さん）はよくやったわよ。熊楠が死んでからもよくやったわよ。

日本と西洋の学問を格闘させた人

鶴見 私の場合は、まったく偶然に、平凡社で『南方熊楠全集』の編集をしていた編集者の長谷川興蔵*さん——夭折して残念でたまらない人——が、ある日突然、上智の研究室にやってきたの。当時は全然知らない人よ。それで『南方熊楠全集』を出しておりますが、その中の第七巻の解説をお願いしますと言ったから、私びっくりして「南方熊楠なんて知らないんです」と言ったんです。そうしたら「だれも専門家はおりませんから、これから勉強してください」と、しゃあしゃあと言うのよ。変な人だなあと思ってね。それじゃ本を読みましょうといって、全集を読みはじめたのよ、どこから読みはじめたか忘れたけれど。そうしたら、のめりこんじゃったの、もう面白くてたまらなくなって。それでわけもわからず解説を書いた。

そうしたら、それが宮本常一*さんと上田正昭*さんのお目にとまって、講談社で『日本民俗文化大系』を出すときに、柳田国男*についてはだれ、折口信夫についてはだれ、と執筆者を一人一人

*長谷川興蔵（はせがわ・こうぞう）一九二四〜九二年。編集者として『南方熊楠全集』『南方熊楠日記』を出版、南方熊楠研究の発展に寄与した。南方熊楠賞特別賞受賞。共編著『南方熊楠アルバム』他。

割り当てていくなかで、南方熊楠はだれにしようかというときに、鶴見和子にやらせてみたらと。あとで聞いたら、最初は宮本常一さんが「私がご推薦しました」とおっしゃった。そうしたら、その次に上田正昭さんにお会いした時に「私がご推薦しました」と。じゃあ二人がしてくださったんだなと思って「ありがとうございました」って申し上げた。なぜ推薦してくださったかというと、私が『全集』の第七巻に解説を書いて、これがいままでにない見方で面白いから書かせてみようと。それでもう一生懸命になって読んで、あの『南方熊楠――地球志向の比較学*』を書いたの。

それで熊楠のどこに惹かれたか。柳田国男と南方熊楠の関係は、いままでは日本の学問が欧米の受け売りに終始してきた、これじゃだめだから、東国の学問をつくるために協力しましょう、という手紙のやりとりからはじまっている。私はそのころ、柳田にくいついていたの。それで柳田ともう一人いるんだな、と思って熊楠を読んでいった。私は、アメリカで勉強しているあいだ、西欧の学問と、日本それから中国、インドといった西欧以外のところの学問とを、どういうふうにつなぎあわせ、闘い合わせていったらいいか、それをずっとずっと考えつづけてきた。熊楠を読んだとき、まず、ここに先駆者、先覚者がいたんだ、と思った。柳田一人だと思っていたら、南方は実際にそれをイギリスでやってきた人だということがわかったの。

中村 そうですねえ。

鶴見 それからもう一つ。あなたがおっしゃったように、熊楠がイギリスに渡ったのは十九世紀の最後のもっとも輝かしい時よ。十九世紀末というのはイギリスの人文、社会科学も、進化論のダーウィンがでてきた自然科学もふくめて、もっとも輝かしい時。熊楠は、その時代に徹底的にイギリスの学問を身につけた人なの。それがすごくうれしかった。日本人で、徹底的に相手の館に入って、相手のやり方を身につけて、そしてそこで論争してきた。しかも自分のものをちゃ

＊**宮本常一**（みやもと・つねいち） 一九〇七〜八一年。民俗学者。移動する民、とりわけ海の民に着目し、日本全国を旅して独自の民俗学を残した。『忘れられた日本人』『日本の海洋民』他多数。

＊**上田正昭**（うえだ・まさあき） 一九二七年〜。歴史学者。京都大学名誉教授。在日朝鮮人や被差別部落の問題に積極的に関わり、その問題意識から、従来の学統を総合する独自の方法で研究を大成した。『日本神話』『上田正昭著作集』（全八巻）他多数。第十回南方熊楠賞受賞。

＊**柳田国男**（やなぎた・くにお） 一八七五〜一九六二年。日本の民俗学の創始者。農商務省、朝日新聞社論説委員を経て、民俗学の研究に打ち込む。各地のありふれた農民（常民）の生活に着目し、常民の生活の歴史を明らかにしようとした。『定本柳田国男集』。

＊**『南方熊楠——地球志向の比較学』**（日本民俗文化大系4、講談社、一九七八年。一九八一年講談社学術文庫。毎日出版文化賞受賞）

●南方熊楠の神社合祀令反対運動

神社合祀反対運動は、南方熊楠の生涯における唯一の、そして輝かしい実践活動であった。それは足尾鉱毒事件における田中正造のたたかいと並んで、近代日本の自然保全運動のさきがけである。（中略）一九一一年十一月、新任の和歌山県知事川村竹治に、南方は手紙を送っている。その中で、エコロジーの立場から、神社合祀に反対しているのだ、と明確に述べている。

……殖産用に栽培せる森林と異《かわ》り、千百年来斧斤《ふきん》を入れざりし神林は、諸草木相互の関係はなはだ密接錯雑致し、近ごろはエコロギーと申し、この相互の関係を研究する特種専門の学問さえ出で来たりおることに御座候。しかるを、今無智私慾の徒が、単に伐採既得権云々を口実とし、是非に、かかる希覯《きこう》の神林を、一部分なりとも伐り去らんとするは、内外学者に取りても、史蹟名地のためにも、はなはだ惜しまるることに有之。

（傍点鶴見。『南方熊楠全集』第七巻、五二六頁）

エコロジーということばをはっきりかかげて、自然保護運動をおこなったのは、日本では、南方熊楠をもって嚆矢《こうし》とする。南方が、神社合祀がエコロジーを破壊すると考えたのは、どのような理由からであろうか。「神社合祀反対意見」には、七つの理由をあげ、白井光太郎宛書簡には、八つの理由をあげている。白井宛書簡の八番目の項目は、「合祀は天然風景と天然記念物を亡滅す。」である。

……わが国の神林には、その地固有の天然林を千年数百年来残存せるもの多し。これに加うるに、その地に珍しき諸植物は毎度毎度神に献ずるとて植え加えられたれば、珍草木を有すること多く、偉大の老樹や土地に特有の珍生物は必ず多く神社神池に存するなり。……本州に紀州のみが半熱帯の生物を多く産するは、大いに査察を要する必要事なり。しかるに何の惜しげなくこれを滅尽するは、科学を重んずる外国に対して、恥ずべきの至りなり。……欧米人いずれもわが邦が手軽く神社によって何の費用なしに従来珍草奇木異様の諸生物を保存し来たれるを羨むものなり。

（『全集』第七巻、五五九〜六一頁）

（鶴見和子）（鶴見和子『南方熊楠・萃点の思想』藤原書店、二〇〇一年、七二〜七七頁）

んともって、それで闘ってきた。

それからもう一つ、当時はたまたま水俣調査をはじめたころだったの。そして、どうしていいかわからなかったの。さっき申し上げたように、アメリカの近代化論では水俣の問題は切れないでしょう。だからすごく悩んでいた。そこで熊楠を読んだら、「神社合祀《ごうし》令反対意見書*」というものが出てきたので、「ここにあったんだ!」と。それで私、どこかの新聞に、「南方熊楠の神社合祀令反対意見書は、日本における公害反対運動の先駆的な文献である」という小さな文章を書いたんだけど、すっかり忘れちゃったのよ。そのことは、あとで長谷川興蔵さんが亡くなる前に聞いたことなんだけれどね。長谷川さんは、そういう文章を読んだから、「ああそうか、これは面白い」と思ってやって来て、私に『全集』の解説を書かせようとしてくださったの。それがきっかけなの。

それで、熊楠を読んでみたら、すごい格闘してるのよ。当時の十九世紀末の科学の真価、西欧科学の真髄、つまり因果律というものをちゃんとつかまえて、それとインドの古代思想、大乗仏

***神社合祀令**　一九〇六年の内務省訓令で、一町村一社を原則として財産のある有力な神社にまとめようとするもの。一九〇五年に一九万五千社あったものが一九一〇年には一四万一千社に減少した。地元住民の精神的支柱であり自然生態系の宝庫でもある神社をとりつぶすことに対し、南方熊楠らを代表として反対運動が起こった。

教とを格闘させてるの。この格闘の末に創造ができるという、そのすさまじさがまず私を魅了したの。

それと公害問題に対処したこと。つまり理論的、実践的に対処した、日本における最初の人は田中正造*。それまでは田中正造だけを知っていたけれど、田中正造は産業公害、南方熊楠は役人公害と私は称して、この二人をいっしょにつかまえなきゃだめだと考えた。

それからもう一つは、私、比較社会学をたまたま学んだものだから、頭がつねに比較にいくの。これとこれ、これとこれとを比べるというふうに。だから柳田と南方を比べると、柳田は一国民俗学で、何かの民俗学的事象について「これは日本にのみあることなり。外国にはない」という。それに私はとっても疑問をもったの。つまりプリンストン大学でリーヴィ*教授に比較社会学を叩きこまれて、「○○がない」というためには全部調べなければ「ない」と言えない、「ある」というためには一つあったら「ある」と言える。そのことを、もう徹底的に言われていたから、「ない」ということを私は言えないの。でも柳田は「ない」と言ってるのよ、知らないのに。これは眉唾だなと思ってた時に、南方は「日本にあることはすべて外国にあり、外国にあることはすべて日本にあり」と。ただそれが隠れているか現れているか、あるいは形が違うかの違いである。これが比較ではないか、と思ったの。

それからもう一つは、『全集』の解説を書いた時、これは「地球志向の比較学」だと書いた。

というのは、熊楠は、地球上のさまざまな地域——あらゆるとは言わないけれど——を比べている。これこそほんとの比較社会学だ、と。というのは、リーヴィの比較社会学の試験の時に、「先生、比較というときにどことどこを比較すればいいんですか。どこを読まなくちゃならないでしょうか」と聞いた。そうしたらリーヴィは「古今東西南北」だというのよ。古今東西南北の社会といったら、昔からいままでと東西南北、地球上のすべての社会だったの。もう途方に暮れて勉強した。だけれど、熊楠はリーヴィのいったとおりなのよ。古今東西南北をやっているわけよ。地域的にね、細かいことまで。これが比較だし、しかもその比較を、ただ社会とか文化というレヴェルだけでなくて、地球という自然環境も視野に入れてやっているから、「地球志向」。「世界志向」じゃないのよ。「世界」といったら、どこかの国と国——たとえばアメリカと日本——のことで、それはいままで習っていたのよ、私も。

だけど熊楠は、自然環境というものを視野に入れて比較している。そこにびっくりしたのよ、

＊**田中正造**（たなか・しょうぞう）　一八四一～一九一三年。政治家、足尾鉱毒事件の指導者。足尾鉱毒問題が起こるや、議会で政府に対策を迫り、以後被害農民の側に立って、半生をかけて闘った。『田中正造全集』（十九巻、岩波書店）。

＊**リーヴィ**（Marion J.Levy Jr.）　一九一八～二〇〇二年。アメリカの社会学者。鶴見和子のプリンストン大学大学院時代の指導教授。

●地球志向の比較学

人類の一員として地球上のあらゆる地域の人間と共通性をもつということと、他方同時に、棲息する地域の生態系の一成員であることによって生じる個体としての特殊性をそなえるということとの、ぬきがたい矛盾衝突を、南方はその理論によってというよりもむしろ、環境の制約と、そしておそらくはその資質によって、非常に強く意識し、そして正面きって、それととりくんだ。南方の生涯は、地球志向と地域的制約との葛藤のドラマとしてとらえることができる。

もし、日本人の学者の中に、「地球社会学」(モアのいうよりももっと広いいみで)の先達を求めようとすれば、そのひとりは、南方熊楠ではないだろうか。そのことを、第一に、かれの二つの論文をてがかりとして、考えてみたい。

第二に、南方が、人類の共通性に目をむけ、そしてまた、自分の学問が常に国際的水準をゆくことをこころざしもし、また自負もしながら、なぜすぐれて地域的な課題であった神社合祀反対運動に、貴重な歳月と情熱を傾けたのかを考えてみたい。もし、かれの比較の学が目ざしていた人類共通性の探求だけに終始したならば、かれは、国際的な学名を高め、コスモポリタンとしての生涯を送りえたであろう。しかし、このことがあったために、南方は比較の学が、理論としても、実践としても、避けがたい矛盾との格闘であることを示した。その反対の意見書には、かれの生物学の研究と、民俗学の知識との統合としての、かれ独自の生態学的見解が展開されている。そして、この生態学的見解から、わたしたちは、今日の公害問題を予見する声をきくのである。公害問題が地球的規模でおこっている今、当時は極めて地方的なたたかいでしかなかった神社合祀反対の実践運動が、じつはその遠い目標において地球志向に合致することに、ようやくわたしたちは気づくことができる。(鶴見和子)

(『鶴見和子曼荼羅V　水の巻』藤原書店、一九九八年、二一一～二一二頁)

ほんとに。だから「地球志向の比較学」という銘を打った。それを面白いと思ってくださった先生たちがいて、『南方熊楠』を書かせてみようということになった。

この三つよ。当時の西洋の学問を徹底的に身につけて、それと格闘したこと。日本における環境問題の走りであった、公害反対運動の走りであったということと、地球志向の、自然環境を取りいれたところの比較と、文化と社会というものをつなげたところの比較学。それと日本――柳田の場合は軸足は日本だけれど、南方の場合には東洋とかアジアで、インドまでふくんでいる――の比較学であると。その三つにびっくりして、ここに私は学ぶべきことがあると思って、食いついたの。

中村　何か悩んでるときに答があるみたいですね、あの中に。

鶴見　ほんとね。あの人は、悩んでいる人に「どこからでも来い」というわけね。

その後、一番面白かったのはあの「曼陀羅」ね。「南方曼陀羅」というのは中村元*さんの命名。『南方熊楠』をちょうど書いている時に、プリンストン大学で日本の鎌倉仏教を研究していらっしゃ

＊**中村元**（なかむら・はじめ）　一九一二～九九年。インド哲学者、仏教学者。東京大学名誉教授。サンスクリット、パーリ語など卓越した語学力で、インド、中国などの東洋思想や比較哲学などの幅広い領域で独創的な研究を成し遂げた。『決定版中村元選集』（全三二巻、別巻八）。

●南方熊楠の描いた「曼陀羅」

図A

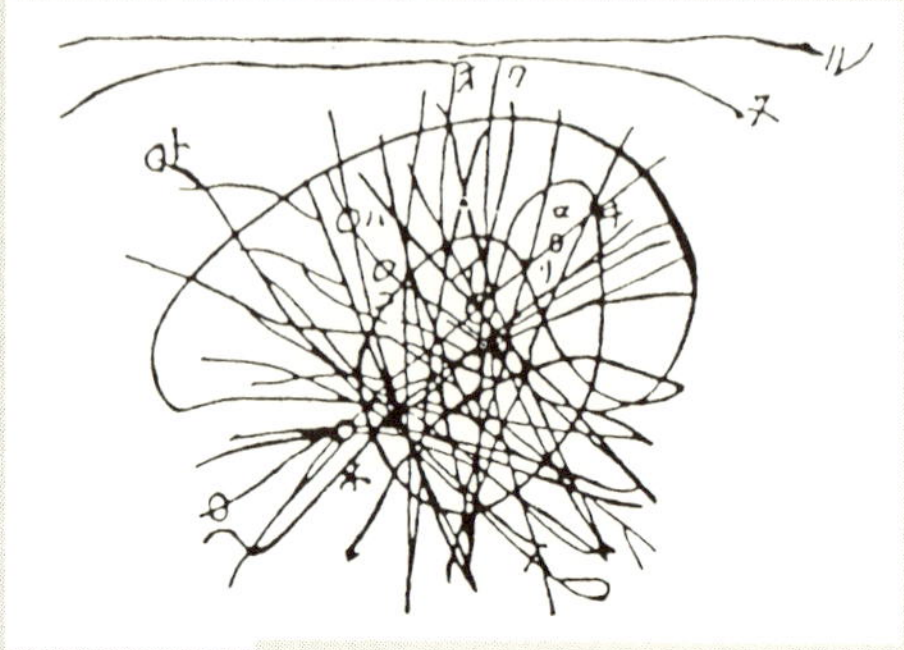

図B

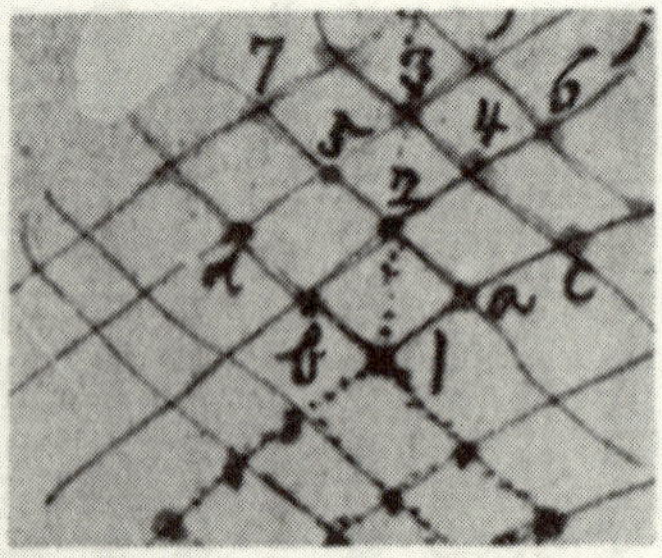

図C

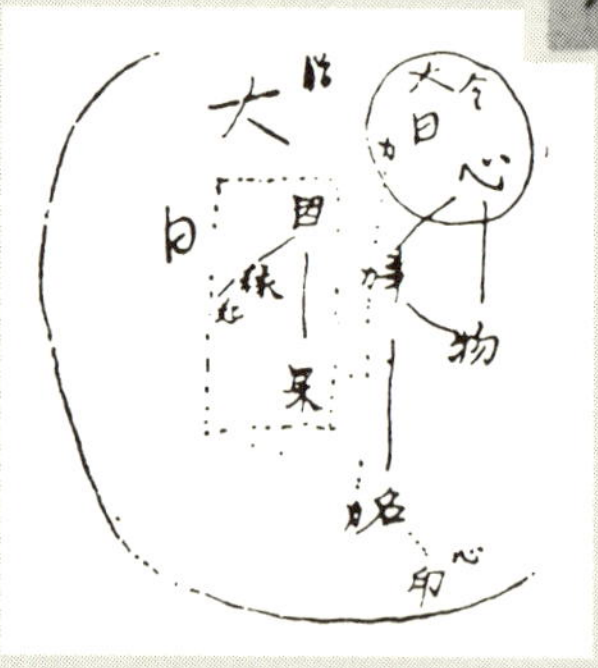

図A＝明治 36 年 7 月 18 日付土岐法竜宛書簡より
図B＝明治 27 年 3 月 4 日付土岐法竜宛書簡より
図C＝明治 36 年 8 月 8 日付土岐法竜宛書簡より

るマーティン・コルカット[*]教授が日本へ来て、私がだれに会いたいかと聞いたら、中村元さんに会いたいと。「それじゃあ、私、中村さん知ってるからお招びしましょう」といって、うちにお招びした。ちょうどその時に原稿を書いていたので、あの、いたずら描きみたいな曼陀羅の図をお見せしたの。そうしたら中村さんは全然南方熊楠を読んだことはないそうですけど、ただそれを見て、「ああ、南方曼陀羅でございますね」と、即座に言われた。ああ、それじゃあ、先生を名付け親として、これを「南方曼陀羅」と呼ぼうと。で、これは科学方法論のモデルとして曼陀羅を読み替えたというふうに書いたわけ。この曼陀羅から何がでてくるかということは、まだ私はとことんまで突き詰めてない。そしてこの方法論をどのように私の内発的発展論に導き入れるか。方法論だけでなくて、ここに含まれている論理をどのようにして導きだすか。そうすると、これは西欧のアリストテレス論理学と、古代インドの曼陀羅の論理学とはどのようなところで出会い、どのようなところが違うか、というところまで突き詰めていくことによって、私の内発的発展論に導き入れることができる。そういうふうに考えて、ずっとこれを考えつづけているの。

＊コルカット (Martin Charles Collcutt)　一九三九年〜。プリンストン大学教授。中世・近世日本の民衆文化と宗教を専攻。著書 *Five mountains: Rinzai Zen Monastic Institution in Medieval Japan* (Harvard University Press, 1995) 他。

戯作者・南方熊楠

鶴見 それにしても、あなたが南方を読んで、何かを得ようとしたというのが、すごく面白いな。だってあの文体はなじまないでしょう。

中村 まったくなじみません。

鶴見 科学になじまない文体なの。

中村 あれは戯作なんですか。

鶴見 私はそう思う。ほんとに戯文調なの。だからあっちへいったり、こっちへいったり、もう大変なの。その戯作の底に論理の筋道がひそんでいる、そういう戯作だから、不思議な戯作なのよ、だからみんな戯作に目を惑わされちゃって、論理を見てくれないんだと思う。でも、あの方が私は読みやすいなと思ったんだけれどね。論理は通っているんだけれど、面白おかしく書きたいのよ、あの人は。柳田と違うの。

中村 そうですね、全然文体が違いますね。

鶴見 南方は黄表紙本の書き方なの。江戸戯作者のスタイルよ。柳田は『源氏物語』。

中村 なるほど。

鶴見 だから、熊楠は科学とか学問の本だと、人が思わなかったのよ。それと、熊楠のもとの原稿というのは、大変にむずかしいの。みんな毛筆で細かい字で書いたの。平凡社はよくあれを活字にして出したわ。

中村 それにしても、あの時にどうして熊楠を出す気になったのか、それも知りたいですね。

鶴見 平凡社より前に乾元社の全集*があるけれど。平凡社の仕事は、長谷川興蔵のやったことよ。彼は変わった人だった。学生運動の走りで、マルクス主義ではだめだとやっぱり探してたのよ。自分がやってきたのは共産党だったけれど、これじゃだめだと思ったの。共産党じゃだめだ、マルクス主義じゃだめだと、非常に早く勘づいたのよ。だからそれに代わるものは何があるかと思って探したら、熊楠がでてきた。それで彼は熊楠に没頭しちゃったのね。

プリゴジンと粘菌と南方熊楠

鶴見 南方については、中村さんとの関わりがもう一つあるの。それは一九九二年九月から十月にかけてのこと。ちょっと思い出して、その歴史を。九月から十月にかけてあなたがしていたこと。NHKと関係がある。

中村 一九九二年……、ああ、プリゴジン*と話したことですか。

＊**『南方熊楠全集』乾元社版** 澁澤敬三、全一二巻、一九五一～二年。

鶴見 そう、プリゴジンとの対談。二回なさったでしょう。その最後の十月一日の対談。その時にプリゴジンがこう言ったの。「私のカオス理論は生物学のお蔭を被っております」。そうしたらあなたがびっくりして、「えっ、何のことですか」っておっしゃったの。「粘菌ですよ」。それで私が飛び上がったの。うわぁと思った。南方熊楠は生物学者、微生物学者であって、同時に民俗学者であって、そして人文科学、社会科学、それから宗教論、神話もやって、自然科学と人文・社会科学にあいわたる、さまざまな学問を独学でやった人。その人の基本が、その粘菌なのよ。それで、プリゴジンのカオス理論と南方熊楠の曼陀羅論とが、そこでピッと結びついたの。十九世紀末に南方熊楠が考えたことは、二十世紀末に二十一世紀に向かってプリゴジンが考えていることと、アイソモーフィック（形態的同位性がある）なのではないか、重なりあうものがあるのではないか、と。

そうすると、粘菌とは何かということなの。南方熊楠が、なぜ粘菌というものにあんなに興味をもって生涯にわたって調べたかというと、彼自身が言っているのは、第一に粘菌は動物と植物の境界領域の生きもので、第二に粘菌は生命の原初形態である。十九世紀は原初形態がすごく大事だったの。何でも原初形態。これを調べれば、遺伝と生と死の問題が見えてくる、と。私、それを考えると、粘菌を媒介として社会科学と自然科学は結び目を持つのではないか、そういうふうに思った。南方熊楠は、何をやったのかわからないぐらいいろんなことをやった人です。けれども全部粘菌に返って、そこを焦点として見ると、つながっているのよ。彼の曼陀羅論は不思議でしょう。けれど、それがみんな、粘菌を見ることによって思いついたんだなということがわかってくる。

私は、中村桂子さんのあのプリゴジンとの対談のお蔭でそこまでわかったのよ。私はそれをずっと考えていて、このことをいつか、中村さんにお会いした時にうかがってみたいと思っていたの。バイオヒストリーというお考えに立つと、この粘菌というものはどういうものでしょうか。

中村 とても面白いものです。生きものの基本は細胞であり、細胞一個でも生きられます。それから私たちのようにたくさんの細胞でも生きられます。一個で生きている単細胞生物と多細胞生物があるわけです。バクテリアなどはずっと一個の細胞で生きていて、分裂しては二個になり、

***プリゴジン** (Ilya Prigogine)　一九一七〜二〇〇三年。ベルギーの化学者。テキサス大学イリア・プリゴジン統計力学・複雑系研究センター所長をつとめた。非可逆過程の熱力学を体系化し、「散逸構造」の理論を提唱。一九七七年ノーベル化学賞受賞。共著書『混沌からの秩序』『複雑性の探究』他多数。

***カオス**　混沌の意で、決定論的な秩序でも無秩序でもない。決定論の方程式のもとで、初期値がほんの少しずれるだけでその式に沿って現れるその後の世界が大きく変わるという特徴をもつ。どこかでチョウが羽ばたくと遠方の気象が大きく変るというバタフライ効果はよく引かれる有名な例。

また分裂して、とふえていく。ところが私たちは多細胞だと思っていますけれども、じつは私の始まりは単細胞。ビデオを逆回しして、だんだん若くなるとありがたいんですけれども（笑）、若くなって、赤ちゃんになって。私の誕生日は、一月一日ですから……

鶴見 わあ、すごい。太閤秀吉みたいな、女太閤だ。

中村 その日に生まれたとなりますけれども、生物学的にいうと、そこはほんとうのお誕生日ではなく、受精卵ができた時が始まりですね。それはたった一個の細胞です。それが母親のお腹の中で分裂し、だんだん、外側にある細胞は皮膚になっていったり、まん中にある細胞は腸になっていったりして、役割分担して一つの身体になるわけですね。ですから私たち自身が一個の細胞から多細胞になっていく。それから生命誌でいいますと、三十八億年ぐらい前に生まれた最初の生命は、たった一個の細胞だったでしょう。

鶴見 アメーバーみたいなもの？

中村 バクテリア様ですね。それが四十億年ぐらいの間に、こんなに多様な多細胞が生まれてきたわけですから、一つの生きものを見ても、一つの細胞から多細胞になるわけですし、生物全体の歴史で見ても、一個の細胞からだんだん多細胞になっていくということがあるわけです。多細胞生物も出発点は必ず単細胞に戻ってそこからやり直すというところが面白いでしょう。一つの個体が生命の歴史をなぞっているとも言えます。多細胞になるということは、役割分担が出てくることです。脳の細胞と心臓の細胞で、もとは同じだったものが、どうして脳の細胞と心臓の細胞になって、それぞれが役割分担していくのか。しかも役割分担しながら、全体としては私という一つのまとまりになっている。それぞれが勝手なことをしてくれたら困るわけで、ひとまとまりになっている。そこも面白いですね。

それから生物全体でいえば、いろいろなものが生まれてきましたけれども、生態系としてまとまっている。ですから単細胞と多細胞の関係というのは、生命のありようの基本を示している面白いことなんです。

鶴見 それが曼陀羅なのよ。

中村 粘菌*は、この関係のはじまりの様子を見せてくれる生きものです。ふだんはアメーバーという形で一個の細

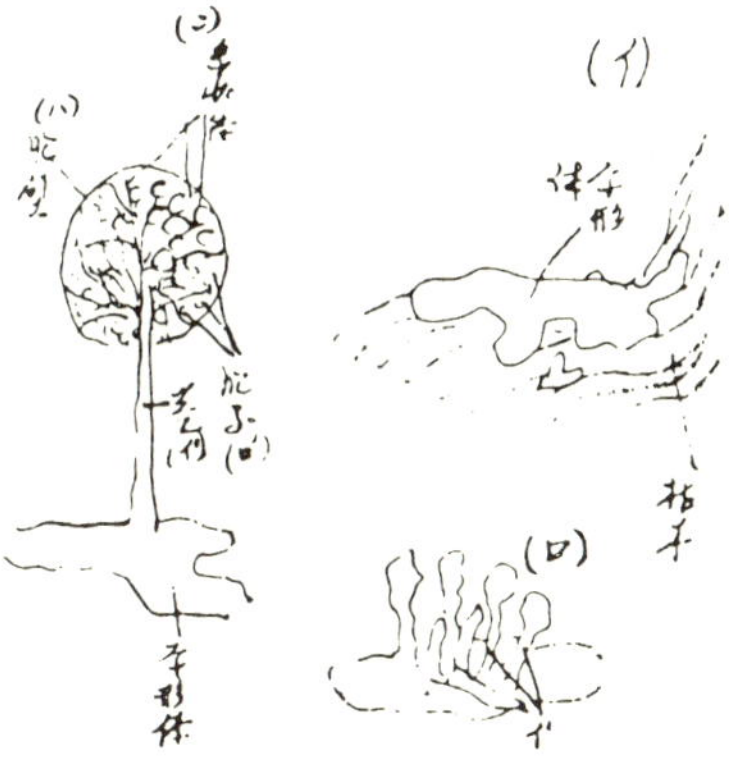

***粘菌** 南方熊楠の岩田準一宛書簡（一九三一年八月二十日付）より、上図参照。

胞として生きている、別々に。ところが危機がくると、現実には食べ物がなくなって、一個では生きていけないぞ、危ないぞという時になると、信号が出されて、みんな集まってくるんです。そしてナメクジ状になって、移動し、最後はキノコみたいな形になる。

鶴見 それがこれ（前頁の図）なの。

中村 そうです。こういう形になって、じっとしている。そして、条件がよくなる、湿気が出てきたり、栄養分が出てきたりすると、そこからまた……。

鶴見 ここの中から胞子が飛んでいくわけね。

中村 また新しい細胞がひろがって、また一個一個のアメーバーになって、それぞれが生きていく。また具合が悪くなると集まるということをやっている。外の環境を察知して、自分が生き残れるように対応しているわけですね。集まったときは、柄の役割をする細胞もあれば、胞子を保つ役割をするのもあれば、中へ入って将来出ていく細胞としての役割をするものもあれば、そうやってまとまって次の世代にいくわけです。

単細胞と多細胞の関係という、生きものの基本を一番単純な形で、だけど見事な形でやっているのが粘菌なので、それを調べるのは、いまでも面白い。いろいろな生きもののゲノム研究の中で、ヒト、マウス、イネなどと並んで粘菌ゲノムを解析しているグループがあります。五千万種類もある生きもののなかで、二十ほど選ばれている中に入っているということは、粘菌は現代生物学の眼で見ても面白いということです。

鶴見 なるほど。選ばれたるものね。きれいなのよね。

中村 とりとめもないけれどきれいで魅力的ですね。南方熊楠がいった動物と植物の間というのは、一番基本的なことを考えるときに、大事なことを教えてくれる生きものの一つです。南方熊楠がいった動物と植物の間というのは、ナメクジのような形で動くので、動物といったのでしょうが、そうではなく最近のDNAの研究で菌類は動物に近いことがわかってきました。

鶴見 動物だというのは、私、捕食性だからと思うの。動いていって、枯れ葉とか枯れ木を食べるから……。

中村 最近は系統分類を形や行動からではなくDNA分析から見ます。南方熊楠の頃は、そういう細かいところはまだわかっていなかった。本質は、単細胞と多細胞の関係ですね。

鶴見 しかも一生のなかで両方になるという。

中村 そこに目をつけたのは、さすがですね。

鶴見 これを見て、私は曼陀羅を考えたんだと思うのよ。

中村 じつは粘菌だけでなく、私たちも単細胞と多細胞の往き来をくり返しているわけで、それ自体生きもののありようの基本です。

鶴見 なるほど。それだから生命の原初形態を見ればわかるだろうということね。

中村 そこの基本を、勘のいい方だから、一番面白いとして、たくさんお調べになったのでしょうね。ですからゲノムまでわかる状況のなかで、南方熊楠が全体像を考えたら、また面白いことになると思います。

熊楠は全体を見ていた

鶴見 『自己創出する生命』を読みながら、ずっと考えていたことがあるの。いま南方熊楠が生きていたら何というだろう。中村桂子さんはこの本の中で、まずジャック・モノー*の『偶然と必然』からおはじめになった。

中村 ジャック・モノーは分子生物学のパイオニアであると同時に、当時の研究を基本に生命とは何かについて考えた人ですから。

鶴見 そして、モノーがもしいま生きていたらということを考えると書かれていたので、私は、もし南方熊楠がいま生きていて、中村桂子さんのこの本を読んだら何というだろう、そういうことを考えたの。

中村 おこがましいのですが、面白がってくれると思います。勘がいいというか、DNAや細胞の細かいことはわかっていなくても、本質をぱっとつかんだわけですね。もっと前へ行けば、たとえばお釈迦様が、生きものたちはみな同じとおっしゃった。世の中には偉い方というか、勘のいい方というか、ものがちゃんと見える方がいらして、細かいことを調べなくても本質をつく。南方熊楠も、あの時代にはここで書いたようなことはなにもわかってませんけれども、同じことを見ていると思います。

鶴見 私、「南方熊楠」についての文章（八二頁参照）を中村桂子さんがお書きになっているということを知らなかったの。それを送っていただいて、拝見して、びっくりしたの。それに生命科学を学びはじめられた一九七〇年代の初めに『南方熊楠全集』を買いこんで読んだと書いていらっしゃるの。うわぁと思ったのは、私が『南方熊楠』という本を書いたのは、一九七八年なの。七八年より一、二年前にはじめて『南方熊楠全集』を読みはじめたの。だから私よりずっと早く、中村さんは南方熊楠に注目なさったの。だから先覚者よ。

中村 ほとんど同じです。私は全集をきちんと読んでいるわけではありませんから。生命について考えるにあたって参考になるところを見ただけで。

***モノー** (Jacques Lucien Monod)　一九一〇〜七六年。フランスの分子生物学者。六七年よりパスツール研究所所長。タンパク質の生合成が遺伝子発現、酵素作用として制御されていることを示し、分子レベルで統合・制御のあることを明らかにした。初期の分子生物学研究の中で最も影響力の大きな研究の一つである。六五年ノーベル医学賞受賞。『偶然と必然』は大きな反響を呼んだ。

鶴見　とても面白いと思って拝見しました。

中村　生命とは何かを調べて、そこで得た知識を技術や社会に生かそうという目標を持って勉強を始めたけれど、専門の分子生物学はすぐにはそこに結びつかないので、南方熊楠やH・G・ウェルズに巡り会ったわけです。

鶴見　私の父（鶴見祐輔*）はH・G・ウェルズをもう一生懸命読んでいたので、彼の本はたくさんあったけれど、『生命の科学』はうちでは見なかった。

中村　普通は『文化史大系』ですね。ただ人間の歴史を全部書いてみたら、その前に生きものがいた。

鶴見　なるほど、ウェルズはだんだん遡っているんだ。

中村　そういうところが面白いですね。私は専門ではないなどと思わずに、勉強してまとめていく。見習うのは難しいですけれど。

鶴見　面白いね、南方熊楠とH・G・ウェルズか。

中村　南方熊楠は、日本人としては珍しく全体を見る能力のある人だと思います。私の夢は、二十一世紀の生命の研究全体を見通してまとめられたらいいなということなので、最初に出会ったこの二人は意識の底にいつもあります。最近の生命科学研究を見ていると私の力ではまとめるのは難しかろうというのが正直な気持ですけれど。

＊**鶴見祐輔**（つるみ・ゆうすけ）　一八八五〜一九七三年。政治家・著述家。東京帝大法科大学を卒業後、内閣拓殖局に勤務、四〇歳前に退職して欧米やアジアの各国で遊説し民間外交に努めた。一九二八年を最初に、代議士に四回当選。『英雄待望論』『母』などのベストセラーと、岳父・後藤新平の正伝『後藤新平』を著した。

第4場

自己創出と内発性

生命の「自己組織化」と社会

鶴見　生命誌の中で、獲得形質*がどうなるか。これは素朴な質問ですけれども、やっぱり私、こだわるのよ。それが一番違うところだと思うの。社会史、文化史と生物史、生命史との。

中村　社会としては獲得したものの方が大事ですからね。

鶴見　そうなんですよ。それが継承される。

中村　それが文化ですからね。

鶴見　人間以外の生物に文化があるかということが、十九世紀からいろいろ言われている。「プロト文化」(proto-culture) ということばが作られた。たとえば、蜜蜂のダンス。あそこに甘い蜜があるぞということを仲間に伝えるのに、蜂はダンスをして羽でその方向を示す。これは記号。ある一つのサインが他のこと（意味）を指示することです。この記号行動は後天的に習得したものではない。生得的なものである。これに対して人間は、記号の体系である言語をもつ。この言語は後天的に習得される。だからそういう問題をどう考えるか。それから私、『自己創出する生命』

***獲得形質**　個体がその一生の間に外部の影響（または器官の用不用）で獲得した形質。これが遺伝するか否かの論争があったが、現在では否定されている。

●細胞社会

最初の多細胞生物がいつどこでどのようにしてできたかは分らない。また、現存の生物の中で、どれが最も祖先型に近いのか、それもいくつかの候補があげられており、よく分らない。緑藻類の場合、単細胞で存在するもの、群体と言って、いくつかの細胞が寄り集まったもの、多細胞生物として存在するものというように、さまざまなレベルのものが見られるのでこれらを比較してみると、集まることによって何が起きるのかが分るかもしれない。緑藻類の群体の中でもボルボックス（和名大ひげまわり）は、五万個以上の細胞が集まり、中に生殖細胞の役割を持つ部分が生れるなど多細胞生物のような性質を示す。ここで多細胞生物的性質と言ったのは、細胞の専門化と協調という二つを意味する。現在、「生物の体は細胞が作り上げている社会であり、細胞はお互いにさまざまな形でコミュニケーションをしている」という見方での研究が盛んに行なわれている。その結果、とにかく、隣同士の細胞間にある種の結合があり、それを通して物のやりとりをすることによって相互に調節し合っていることは分ってきた。

（中村桂子）

（中村桂子『自己創出する生命』一五八～一五九頁）

を読んでいて、細胞ということをとても考えたの。細胞が社会をつくってるという。つまり細胞が社会をつくってると思わなかったのよ。

社会学における社会の定義というのは、同種の複数のメンバーがいる。そしてそのあいだに、一定の型をもったインタラクション（相互作用）が、一定の時間的に継続してある。そして、そのシステムが個々のメンバーの生涯よりも長く続く。それは世代から世代へ継承される。それがソーシャル・システムということの定義なの。システムとしての社会の定義なの。そうすると、ここ（前頁）を拝見していると、細胞というものはそれぞれ社会を形成してるじゃない。

中村 文化の問題はちょっと脇に置き、社会のこと。社会学での社会の定義を教えていただいて細胞と同じなのでびっくりしました。アナロジーで細胞社会と言っていましたが。多細胞生物の身体ができるところで申しましたが一個の卵細胞が分裂して、さまざまな細胞に分化すると仲間同士一緒になります。また骨なら骨、と皮膚なら皮膚が一緒になる必要もあります。こうして、社会を作っていくのです。

鶴見 ああ、社会だ、細胞は社会だ。社会を作るのは人間だけではないということは、この定義によってわかるわけね。

中村 その時の細胞の特徴は、細胞の中にあるＤＮＡ（ゲノム）のはたらきで、自らの力で自らを作っていく「自己組織化」です。

鶴見 その「自己組織化」ということばは、どこから出てきたの？ 生物学から出てきたの、それともシステム学から出てきたの？ 私が聞いたのは、システム学会で初めて聞いたの。

中村 私がこの言葉を知ったのは、先ほど名前の出たプリゴジンの仕事を通じてです。プリゴジンは、生物でない系で自然に秩序ができる例で、非生命系と生命系とのつながりを示し、このような系を自己組織化と言っています。そして、自己組織化の眼で生命体を見た時に、細胞が自然に集まる、つまり「集合性」を示すところに特徴を見出し、その具体例として粘菌をあげているのです。

鶴見 システムということばはなんでも適用できるからね。同種の複数のメンバーがあって、そのあいだにインタラクションがあって、一定のパターンが認められれば。

中村 自己組織化とか、オートポイエーシスとか、オートジェネシスなど、細胞が示す特徴をシステムとして理解しようとする時に、自らのもつ力に注目して基本的な性質を語ろうとすると出てくる言葉ですね。

鶴見 オートジェネシスということばは、私は一九六〇年代のアメリカの社会学で聞いたことがある。だけどそれは、自己組織するシステムという言葉にはなってなかった。

中村 プリゴジンの場合、歴史学から科学に入ったので、時間の不可逆性に関心をもちその結果、複雑さや構造が生れると語っています。物理学も平衡系から非平衡系、いわゆる複雑系に関心が向いていますから、これからはシステムとしての理解がテーマになっていくのだと思います。

鶴見 だけどシステム学会というのは、非常に抽象的なのよ。あなたの言葉でいえば、物がないのよ。そして枠組、フレームだけなの。論理構造だけがあって、肉がついてないのよ。

中村 生物の場合、物がありますからそのための制約もありますけれど、具体的に考えられるので、私にとってはそれがありがたい。しかも分子が集まって細胞というシステム、細胞が集まって組織や個体というシステムというように階層があるので、それを見ていくのですが、それもゲノムで見渡せますから。

鶴見 私の習った社会学というのは、仮説ばかり、理屈ばかりの社会学なの。そして理屈を最初につくっておいて、それを社会にあてはめていくのよ。だから鋳型をつくって、その中に流しこんでいくような、何かそんな感じの社会学。

中村 科学になろうとしていた時代ですね。

鶴見 そうなのよ。

中村 学問としては、論理、客観を基盤にしなければいけませんが、自然科学でもエンドという問題を考えなければならない状況であり、複雑さ、歴史性、組織化などむしろ社会と同じ問題に直接向き合う方法が必要になってきているわけです。岩波書店の『科学』という雑誌がリニューアルにあたって、「あなたが考える科学とは」というテーマで多くの人の考えを集めたのですが、私は「科学の呪縛を解こう」と書きました。

鶴見　そうそう、私も依頼がきたわ。ところが、ちょうど同じ時期に締切りがありまして、書きたいんですけれども申しわけありませんが書けませんと返事を出した。私も、そういうテーマで書いたらそういうことを書いたわ。つまり、今西錦司*の科学から自然学へ、自然科学から自然学へ、私はあれを見習いたいと書くつもりだったの。それがエキソとエンドの問題なの。

中村　明確な方法論はまだ出せてはいませんが、私が生命科学から生命誌へ移ったのは自然・生命・人間に関わることは時間が入るヒストリー、物語かなと思っているのです。もしかしたら、特定の方法論にこだわること自体、私がまだ科学の呪縛の中にいるということかもしれないのですが。

鶴見　つまり科学の定義を変えるということだけれど、それはむずかしいの。というのは、西欧で科学が発達して、そこでそういう定義ができている以上、こっちから変えるというのはとてもむずかしいの。

中村　新しいものをまったく違うところから持ち出すのではなく、徹底的に科学をつきつめることによって抜けだしてつくることができるのではないかと思っています。

鶴見　ええ、抜けだしてつくる。だから私が鬼子っていうの。

中村　なるほど。そういう意味ですね。

鶴見 私は鬼子なの。

中村 親は科学だけれど全然似てないぞと。

鶴見 内発的発展論は、近代化論を学ばなければ生まれない。

中村 それがなければ生まれなかったというところが大事。全体とか主観とか、語るなどと言うと、昔に戻るような言い方がされますがそうではないのですから。

鶴見 だから子だけれど、鬼子の子なの。近代化論から生まれたの。それがなかったら全然ない。

そしてこれは、プリンストン大学でマリオン・リーヴィ教授という、ものすごい人に鍛えられたから。「私は仮説ばかりのボーイです」って、毎日いうのよ。私はしょっちゅうそれと格闘してたのよ。私がPh・Dの試験が終わってブリティッシュ・コロンビア大学に就職する時には、「ああ、寂しくなるなあ、もう相手がいなくなって」と言われたわよ（笑）。というのは、マリオン・リーヴィは大教授だから、恐ろしくて、なかなか大学院の学生が指導教授にお願いしますって言わないのよ。たとえば、だれかがネイチャーとか、ナチュラルっていったの。そしたら、「What

＊**今西錦司**（いまにし・きんじ）一九〇二〜九二年。生物学者、探検家。「棲みわけ理論」で、独自の進化論への基礎を築く。『今西錦司全集』（全十巻）。

●科学の呪縛を解こう

自然、生命、人間を知りたいのなら、その後に「科学」をつける時代は終わったと思う。ここで「科学」と呼ぶのは、Science（知）ではなく、現代の分科した学問分野のことだ。これは、普遍、論理、客観を基本とし、還元、分析を方法とする。すでに述べたように、生命現象についても、まだまだ分析すべき対象はたくさんあるのでその作業は続ける必要があり、そこから興味深い成果が出てくるだろう。しかし、たとえば脳研究は、多くの新しい技術を開発し、記憶・学習などについて興味深い成果をあげているが、これぞ脳科学だというものがみえているとはいえない。科学ではない新しい知が出てこなければならないのではないかという気がしてしかたがない。

ヒトゲノムの塩基配列の解析が終わり、その中にある遺伝子についてもある程度わかってきたいま、この先どんな方法でこのはたらきを解いていくのか。おそらく、直観では処理しきれない大量の情報をコンピュータ処理して分類・整理するところから何かがみえてくるのだろうとは思うのだが、そこにはやはり、還元・分析とは違う新しい視点が必要だろう。

そろそろ「科学」という言葉の呪縛を解いて新しい知のありようをもってもよいときなのではないだろうか。科学の方法があまりにも有効なので、何かが違ってきたと思いながらこだわりすぎていないだろうか。と偉そうなことをいっても科学に代わる知の概念と方法を探し出すのは至難の技だ。ただ、私は、生命科学から抜け出して新しい方向を探る一歩として「生命誌（Biohistory）」へ踏み出した。

（中村桂子）

（『科学』二〇〇一年四・五月合併号、岩波書店、四九四〜四九五頁）

is natural !!（自然って何なんだ！）」って怒りだすのよ。「これは社会学だぞ、ナチュラルなんて違うんだ、外へ出ろ」っていうの。もうすごいんだから。それでだれも正面きって論争しないものだから、さびしいのよ。私はそれに、例えば日本の事例を引いてウワーッと噛みついたの。そうして噛みついていくと、「ああ、そうか、私はそう思わないけれど、お前はそう言って、私はこう言う。ああ、どっちが正しいかまだわからん」って言うのよ。それだけの度量がある。つまり、こっちが本当に本気でぶつかっていって、論理的に何か言ってると思うと、どっちが正しいかまだわからんなと言って、そういう人だったのよ。すばらしい人よ。

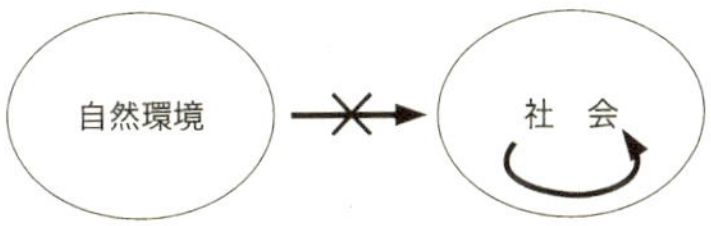

リーヴィの「社会学」

中村　人間社会は自然とは隔絶したものだという信念ですね。自然というわけのわからないものとは別物だ。欧米のそういう考え方が環境問題などを引き起こしたわけですけれど、でも学者としては、そういう明快な論理で組み立てていくことは必要ですね。それに別の論理で対抗していく他ない。日本の社会学者で、ネイチャーとかナチュラルといったら怒るという人はいますか。日本ではそこはどう考えられているのでしょう。

鶴見　知らない。そこで言ったことないもの。だけどそれはほんとに格闘してたの。いや、なにしろ、ちゃんと図を書いて、一方に「social system（社会）」って書いて、もう一方に「natural environment（自然環境）」と書いて、これとこれは違うんだ、これ（自然環境）でこっち（社会）を説明してはいかん、社会学というのは、社会のなかで社会の社会的事実を説明しなくてはいけないので、その人の遺伝とか、自然環境による影響とかによって社会的事実を説明することではないのだ、と非常に強く叩きこまれたの。

内発的発展と自己創出

——鶴見さんがいくつかの論文で書かれている「創造性」ということばは、「自己組織」とか「自己創出」と近い意味ではないでしょうか？

鶴見　「自己創出する生命」というとき、「自己」がついている。内発的発展というときに、私が気づかなかったことがあそこにあるの。倒れてから、非常にそれがはっきりしてきたのよ。

どうしてかというと、私は近代化論に引きずられているの。近代化論は社会を単位として考えていて、そして社会とは何かというと、これはパーソンズの定義なんだけれど、社会は国家と境界線を一にする社会システムである。家族や地域など、いろいろな大きさの社会システムがありますが、社会システムの一番大きいものが社会である。その社会は、国家と境界線を同じくする。そうするとどうなるかというと、アメリカとか、日本とか、中国とか、韓国とか、そういう国家と称されているものを単位として考えることになる。私の内発的発展論は、単位は地域であって、国家ではない。国家のなかにもいろんな地域がある。つまり地域は、国家より小さい単位です。そうすると地域とは何かということを今度は定義しなくてはいけない。私の定義では、地域とは自然生態系の特徴を同じくする単位である。

一番典型的なのは遠野です。遠野盆地というのは地域、つまり山に囲まれた一つの盆地です。その地域の文化を柳田国男の『遠野物語』[*]は描いている。遠野が地域の非常に典型的な塊であって、日本はそういう盆地が文化の単位として考えられるということを言ったのは、米山俊直[*]さんです。米山さんの『小盆地宇宙と日本文化』を読んだときに、これはいい、使えるなと思って使っているんだけれど。そのような地域をまず単位とするということを考えたの。国家を単位とするのではない、と。ところがこの単位は、地域のなかにいる個人まではいってないのよ。単位はすべて地域なの。だから私は、そこまで――地域まで――は下がってきたの。そしてその地域の何が内発するのかというと、地域が細胞になるわけ。それでじゃあ、ゲノムは何かというと、まずそこに文化というものが継承される。世代から世代にわたって受け継がれてきた文化。それがゲ

＊『**遠野物語**』　柳田国男の一九一〇年の著書。岩手県遠野出身の佐々木喜善から遠野地方の伝承を聞き書きした、柳田国男の初期の民俗学の代表的作品。

＊**米山俊直**（よねやま・としなお）　一九三〇～二〇〇六年。文化人類学者。京都大学名誉教授、大手前大学学長。『偏見の構造』『同時代の人類学』他多数。

ノムになる。文化のなかの一番基本的なのは言葉よね。だけど文化ということを考えると、そこに住んでいる住民によって受け継がれた文化、つまり自然生態系にもとづいて、その地域に受け継がれた文化というものが内発的と考えられる。後発国は外からの文化を受け継いで近代化していくというのが近代化論ね。

プリンストン大学の日本史のマリウス・ジャンセン*教授が、私がプリンストンで「endogenous development（内発的発展）」という言葉を使ってペーパーを読んだら、そのことばを嫌ったの。「endogenous」という言葉を嫌がった。なぜかというと、「endogenous」という言葉の最初の意味は、「内で生まれた奴隷の子」という意味なんですって。つまり「endo-（エンド）」は「内」でしょう。そして「genous」ジーナス、ジェネシスというのは「発生、生まれる」でしょう。エンドとエキソは、「内で生まれた奴隷の子」と、「外で生まれた奴隷の子」との区別だったんだって。

中村 奴隷の子をイメージされたら大変ですね。言葉って恐いですね。それぞれの場の文化をすべて引きずっているわけだから。

鶴見 だからジャンセン教授には、そんなの嫌だと言われたの。でもその言葉を、パーソンズは近代化に使ったの。外で手本が生まれて、それを受け継ぐのが「exogenous development（外発的発展）」。だからイギリスのように、自分の内側で、自分の文化の伝統と歴史に根ざして――つまり十七世紀の産業革命の時、外にお手本がなかったから――、自分で生みだしたお手本をもとにして近代化をとげたのは、パーソンズ流に言えば内発的です。そういう意味だったの。

私のはそうじゃない。どこの社会でも受け継がれた文化があるし、異なる生態系があるんだから、そこに根ざして、住民の創意工夫によって、もちろん外のお手本を参考にするけれど、主体は自己の文化と自己の生態系と自分たちの創意工夫によって、こういう形でやりたいというお手本をつくって、それで展開していく、そういう意味だったの。だから個体というものをあまり考えてなかった。

それで自分が脳出血で倒れたあと、歌が噴き出したときに、「ああ、内発性というのは私自身のなかからでてくる」と気づいた。つまり個体のなかからでてくるものが、今度は地域という集合になるわけね。地域住民のあいだから出てきたものを、それを今度は曼陀羅のモデルみたいに、お互いに交流させ、闘いあわせてつくりだしていく。そういうふうに、地域からもう一つ段階をおろして、個というものの内発性に気づいた。だから今度は、目標は一人一人の可能性を実現することというふうにおいた。最初に内発——手本を内から生む——と考えたときには、地域ということを考えたの。そして倒れてからは、個体から出てくるものをどうやって結びあわせて、闘

＊ジャンセン（Marius Berthus Jansen）　一九二二〜二〇〇〇年。アメリカの日本近世・近代史家。『坂本龍馬と明治維新』『近代日本の誕生』他多数。

●「発生」について

ここで「生命誌」の基本に置いている「発生」についても触れておこう。「発生」は、英語では development。これも、展開、発展という意味だ。オックスフォードの辞書を引くと evolve も develop も、共に「徐々に顕在化してくること」という意味を持つとある。時間と共に展開していく姿を追跡するという点では、「進化」も「発生」も同じということとは、英語に戻るとはっきりする。ところが、日本語では学術用語として、日常とは異なる言葉をつくってしまうので、「進化」と「発生」では、その共通点は捉えにくい。もう少し話を続けるなら development の項には、写真の現像、音楽の旋律の展開などという解説もある。写真の現像とは何か。フィルムの上に撮しとってきた像は、まさにその上にあるはずなのだが、我々の眼には見えない。現像液につけて初めて見えてくる。何もなかったところから山が現れたり、可愛い子供が見えたりするが、これは魔法ではない。本来そこにあったものを顕在化させただけである。発生もまさに同じ。同じような形をした卵からウグイスが生れるかホトトギスが生れるか。それは眼には見えないがそこに存在しているゲノムの中に書いてあるプログラムに従って姿を現わしたのだ。現像と発生。日本語ではこの間の関係を知ることは難しいが、両者が同じ development であることはこの二つの現象に本質的な類似性があることを示している。（中略）

evolve と develop こそ生命の基本である。従来の生物学の言葉では development は「発生」、evolution は「進化」だが、これでは相互の関係を表現できない。ゲノムを通しての両者の関係を明確にするために前者を「個体発生」、後者を「系統発生」という形で位置づけて考えていきたい（前にも述べたように、系統発生という言葉もヘッケル以来使われ続けており、その間のイメージが伴っているのでそれへの配慮もしながら）。これら二つの過程を経て現れた生物たちが環境の影響を受けながら生きていく姿がわれわれの眼の前にあるわけだ。

（中村桂子）

（中村桂子『自己創出する生命』一三五〜一三七頁）

いあわせてつくりだすかということから、もう一段下のレベルまで下げなければいけないと、いまは考えているの。

そうすると『自己創出する生命』と結びつく。だけどいまのところはまだ結びついてないのよ。だけど私のやってたことは個人史（ライフ・ヒストリー）でしょう。個人史の主体は個なの。そうすると非常に結びついてくるの。生命誌とライフ・ヒストリーとが結びついてくる。そこまで下がってきたのは、自分自身がこういうふうになったから。そして自分自身と自然との関係が、自分の身体感覚を通じてわかるようになったから。いままでは社会学にとらわれて、手本はソーシャル・システムのなかから生まれてくると、ソーシャル・システムを単位として考えていた。そうじゃなくて、単位は個だということが、『自己創出する生命』から教えられたところなの。

中村 社会学の方から、国、地域、個人へと単位を小さくしていき、内発性の重要性を考えていくというのは重要ですし、興味深いですね。

地域の特徴を作っているのは自然生態系であり、それを構成している生きものたちは一つ一つがそれぞれの特徴をもって自分を創り出している。もちろんその中にいる人間もそうです。そういうものの集まりとして、自然があり、それが基本になって地域を作っていくというのが生命誌の見方です。ですからこうして生きものから社会までがつながっていくことになると思うのです。社会学と生物学では無関係になってしまいますが、内発的発展論と生命誌なら、つながるのですよ。そこがおもしろいと思うのです。

「発展」とは何か

中村 そのように、内発的発展と生命誌はみごとに重なっているると思っているのですが、内発的発展でちょっと気になるのは、最初に勉強なさった社会学が、近代化論だったので、そこでのディヴェロップメントは、近代化することですよね。私は、内発的発展というときのディヴェロップメントは、近代化とは限らないと思うのです。別の発展の仕方があると思う。

鶴見 そうなのよ。だから私は内発的発展論を近代化論の一部ではなくて、社会変動論[*]全般のなかの一つの考え方と位置づけるの。近代化論になると、お手本が外からくるとなっちゃうの。

中村 それぞれが内発なのに、結局行き着く先は同じというのでは、意味がなくなると思うのです。

鶴見 そうじゃないの。だから近代化論の一部じゃなくて、近代化論の鬼子なのよ。社会変動論の一部なの。

中村 『自己創出する生命』のなかにも書きましたけれども、生物学で、ディヴェロップメントというのは発生なんです（一三四頁参照）。発生は、まさに内発です。ニワトリの卵からは必ずニワトリが生まれるし、カエルの卵だったら必ずカエルが生まれる。そこでニワトリの方が進んでいてカエルの方が遅れているとか、カエルの方が立派でニワトリがだめとは言わない。ニワトリはニワトリとして存在価値があり、カエルはカエルとして存在価値がありと、等価値なんです。そういう意味で、ディヴェロップメントという言葉のもつ意味が、一つの軸のうえで延びていくのではなくて、まさに中にあるものを開いていく。ディヴェロップメントには、写真の現像という意味もありますね。フィルムに写したものがでてくる。なかにあったものが無理しないででてくるということです。それが存在していることによって、多様性が生れる。内発的発展ではそういう見方ができるのではないかと思うのです。

鶴見 ところがそこで生物と社会とでは違いがあると思うの。生物の世界では、たとえばニワトリが、カエルという異なる生物から学ぶことはできないでしょう。人間の社会も、さまざまな異なる主体からできているけれど、異なる主体同士が相互に交流し、学び合い、格闘し合うことができる。それによって、新しいかたちが創造されるというのが違うところだと思う。

中村 ニワトリがカエルから学ぶかと言われると困りますが、生きもの同士、他から学ぶとい

＊**社会変動論** (theory of social change)　社会の構造変化全般に関する理論。近代化論はその一部である。近代化とは生産における非動物的エネルギーを使う量が動物的エネルギーの量より圧倒的に多くなって、そのことによって機械の効率を上げることである。そしてそのことによって起こる社会の構造変化の総体をいう。

うか他から影響を受けたり、共に進化したりしていきますから、社会として関係し合っていると言えます。ただ人間の場合、鶴見さんの言葉を使えば獲得形質……。

鶴見 獲得形質というのは、昔の言い方よ。いまは言わないんでしょう。何て言うの？

中村 獲得形質の遺伝というのがソ連の生物界をメチャメチャにしたこともあって。文化と言った方がよいと思います。文化が人間の場合大きな意味をもちますから、たしかに自分のなかにもっているものを出すのだけれど、その過程で外から学ぶことも重要ですね。

鶴見 照合するの。

中村 他の生物でも鳥などは生まれてから後で歌を習う仲間があります。方言のようなものもあって、卵の時に別の場所へ移してふ化させると、生れた場所の鳥の歌い方になるという研究もあります。上手な鳥に習えば上手になる。

鶴見 いや、私、ほんとにそれをここへ来て感じるんだけれどね。ウグイスが、こっち側の森のウグイスと、そっち側のウグイスとは違うのよ、鳴き方が。それから、ここに来る前に住んでいた伊豆高原のウグイスより、宇治の山のウグイスの方が上手なの。

中村 まさにそれです。それを文化と言うかどうかですが……。

鶴見 それはプロト文化というんでしょう。

中村 人間の場合は文化のもつ意味が大きいですね、他の生きものに比べたら。エンドジェナスというのは、そこが面白いと思うのです。それぞれきまりがあって、だけど決まりきっているのではなく、他からどういう影響があるかによって、いろいろな姿になりうるわけですから。

――まさに多様性ですね。

鶴見 ほんとよ。ウグイスって、同じだと思ったら、全然違うの。

中村 春が来たなと思うとケキョケキョと始まり、だんだん上手になっていくのがかわいいですね。

鶴見 幼鶯は「ホー・ケキョケキョケキョ」と言うの。老鶯は、二、三か月たつと「ホー・ホケキョ」と言う。それでまたこっちの森では「ホホー・ホケキョ」って違うのよ。

中村 こまかく聴いていらっしゃいますね。ここはいい場所なんだ。

鶴見 面白いわよ。やっぱり鳥でも地域によって地域文化が違うという。やっぱり鳥の言葉にも地方語というのがあるのよ。まったく同じように鳴いたら面白くない。

老鶯《ろうおう》が幼鶯《ようおう》と掛け合い鳴き交すリズムに乗りて歩みゆく今朝　鶴見和子
（歌集『花道』より）

――けれどもそれを一緒にしたい、同じにしたいという力も働くんですね。

鶴見 やっぱり学習能力があるのよ、鳥にも。学習するにしたがって上手になる。それが日増しに上手になる。

中村 そうですね。人間の場合、地域で終らずに国とか他の大国とかがあるから地域性が失われてしまい、多様性が消えていくわけですね。ウグイスのように違いを楽しむ方が本来の姿なのではないかな。

鶴見 とても面白い。

第5場

人間不在の学問

自然を排除してきた社会学

――鶴見さんは、「アニミズム」の考え方に注目して、社会学に自然環境への視点を取り入れようとしていますが、生命誌からみてそれはいかがでしょうか。

中村 先ほども申しましたように、社会学と生物学が直接つながることはありませんが、鶴見さんのお考えと生命誌はつながっていくと思うのです。ただ始まりとしては、現代科学では、アニミズム*はふれないものとされてきたものです。

鶴見 よくない、マイナス価値よね。

中村 一方、日本で普通に育ってきた人間としては、日常感覚のなかではつねにアニミズムにふれている感じがあります。自分と自然との一体感はおのずと身についている。私ぐらいの年代ですと、子供のころの自然との交わりからいえばあらゆるものに生命があり魂があるという感覚で大切にしたり畏れたりというのは自然な感覚です。自然科学者は通常、学問は学問、日常は日常と……。

***アニミズム** 宇宙のなかにある生物も非生物も含む全てのものが魂をもっているという考え方。自然と人間との互酬性、自然に対する親しみと畏怖、生と死の循環思考などを特徴とする。

鶴見 切り離されてるのね、男の方は。

中村 切り離してもちっとも悩まないというか、平気でいられる、そういう構造になっているように思います。日本で科学を専門にしていると、論理、分析で進んでいく学問とアニミズム的感覚のある日常とはまったく別のものとしてわりきっているように思います。ただ私は、なぜかそうなっていると落ちつかないのです。私の仕事はすべてそこから始まっていると言ってもいいかもしれません。落ちつくためには二つの方法があって、一つは科学をやめて、たとえば日本の古典や宗教を勉強すれば、落ちつくのかもしれませんが、私は科学が好きなので、そこをなんとかしようというのが、これまでやってきたことです。

七〇年代に生命科学がはじまった時にそういうことを考えた人は他にもいました。東洋の知やアニミズムへの関心は高かったと言ってよいと思います。私はそこで二つのことを考えました。一つは、いまの自然科学というのは西洋から生れたものですけれど、西洋がずっと論理的、客観的思考であったかというと、グリム童話、ケルトや北欧の神話を思いだすと、そこにもアニミズムがあると思うのです。科学を生んだ社会のおおもとにも、そういうものはあってもおかしくない。そこをつなげることを考えることもできる。東洋と西洋をつなげるというよりは、人間の原点を考えることではないかと思うのです。知識よりは知恵で動いていたときの原点は、共通してそういうところにあるのかもしれない。そこから西洋の人たちは、科学という非常に特殊な知を引っぱりだした。日本人はそういうことをせずにきたというだけの違いではないかと、まず自分のなかで整理したんです。

鶴見 そういうふうに整理をしたアメリカの自然科学史家がいるの。リン・ホワイト。* 彼の「今日の生態学的危機の歴史的源泉」という論文が出た時に、すごい衝撃を与えたのよ。最初『サイエンス』に出たと思う(一九六七年)。あなたのおっしゃったとおりのことを書いてるのよ。

――一体いつごろから人間を自然と切り離したのだろう。中世には聖フランチェスコ* という人がいるじゃないか。キリスト教でありながら鳥とお話しする、花とお話しする、こんな人がいた。ところがそれがプロテスタンティズムになった時に、理性と自然とをぱっと切り離して、それまであった、おどろおどろしい神話などを切り捨てたの。切り捨てたがために西洋科学が生まれちゃったんだけれど、その西洋科学のために自然破壊が起こったんだから、これから聖フランチェ

*リン・ホワイト (Lynn Townsend White, Jr.) 一九〇七年〜。中世技術史家。一九六七年発表の論文「今日の生態学的危機の歴史的源泉」において、危機の源泉をキリスト教の人間中心主義に求め論争を呼んだ。『機械と神』『中世の技術と社会変動』他。

*アッシジの聖フランチェスコ (Francesco) 一一八一〜一二二六年。イタリアの神秘家、聖人。フランチェスコ修道会の創立者。深く自然を愛し、清貧に基づく修道生活を送った。

スコをここへ呼びこむには、昔の西洋にもあったし、東洋にもあったアニミズムというものをもう一度呼びこもう——そういうことを言ったのね。つまり自然破壊を止めるための学問というのは、そこからもう一度やり直そうと。それで衝撃を与えたのね。とくにプロテスタントの牧師さんたちは、これを非常な衝撃として受けとったの。

だから、おっしゃるとおりアニミズムを「日本の」と限定する必要はないと思うの。いまヨーロッパに行って、いろんな学者と話すと、もう、そうだそうだといってくれる人が出てきている。だからあなたのおっしゃることは、そのとおりだと思うの。ただ私が驚くのは、あなたは日常感覚のなかに自然との一体感というのがあったとおっしゃるけれど、私は病気になって倒れてから、本当にそれを感じるようになった。理屈としては、水俣で教えられたの。人間は自然の完全な一部なんだから、自然を破壊することによって人間は人間自身を破壊する。人間のつくった家族も村もみんなばらばらになった。そういうふうに教えられて、はじめて愕然として気がついて、それを理屈として言っていたけれど、自分の身体をもってそれを感じていたのではない。だからあなたの方がずっとそれを日常感覚として持っていらした。

中村 私は生物学ですから、それなしでは学問そのものができないところがありますからね。

鶴見 そうなの。というのは、私は幼時体験として、夏は軽井沢で暮らしていた。そこで私たちは探検という遊びをしたの。棒を持って探検遊びしたりして。林や野原に草が茫々に繁ってるでしょう。ヘビがいたり、カエルがいたり、いろんな虫も出てくる。そこへ入って行って、棒で草をなぎ倒して、「探検、探検」って掛け声をかけて、親戚の子供たちを引き連れて、今日はきれいなキノコを見つけたとか、そういう遊びを毎日してた。だから、ほんとに自然のなかで暮らしてたんだけれど、長じてアメリカに行って社会学をやったら、社会学では自然を取り入れるのはいけないことだってなったのよ。

中村 社会学のことをまったく知らず、社会学が学問としていつどのようにして生まれたかということもはっきりわからないんですけれど……。

鶴見 デュルケーム*からはじまってるのよ。

中村 始めから自然排除が主流だったんですか。それともだんだんそういう方向へ移っていったのですか。

鶴見 いや、デュルケームのなかに、社会学とは社会的事実を他の社会的事実によって説明することである、というのがある。つまり還元主義*はいけない。還元主義というのは、社会のことを心理学的事実によって説明したりすること。たとえば自殺を、その人は分裂症であったとか、

＊**デュルケーム**（Émile Durkheim）一八五八〜一九一七年。フランスの社会学者。社会学の方法の確立に寄与し、西欧社会の考察や未開社会の宗教の解明に取り組んだ。『社会分業論』『自殺論』他。

心理学的に説明するのは社会学ではない。だから自然環境と社会なんていったら、もっと遠いのよ。社会現象を社会的事実によって説明する、還元主義を排するというのは、社会学の成り立ちからある。それがずっと近代化論のなかにも持ちこまれたけれども、公害による自然環境の破壊が起こって、それが社会の人間のつながりを破壊していくときに、それをどうやって説明するか、私は途方に暮れた。水俣に行って途方に暮れたのよ。

中村 鶴見さんがアメリカで勉強している時は近代化論で自然を排除すると教えられ、水俣に出会って自然をとり入れなければ考えられないではないかと疑問をもち、アニミズムにまで考えを進めていらした経緯は、とても自然なこととして私にはよくわかるのです。むしろ社会学全体、それから日本にもたくさんいらっしゃる社会学者の方たちは、それをどう受けとめ、どう対応していらしたのかということが知りたい。それを否定したわけですか。

鶴見 でも、日本の社会学は、戦前はやはりドイツがお手本で、戦後はアメリカね。つまり外来、それこそエキソなの。エキソ・サイエンスなの。外来の科学なの。

中村 でも、すなおに社会現象を眺めていけば、水俣のように極端な例でなくても、日常的にも環境との関わりなしに社会を語るなんてできっこないと私は思うのです。とくに日本のような、こういう自然のなかで暮らしていたら、そう思うのではないでしょうか。日本の社会学の方は、ドイツのものを学び、アメリカにも学んで、そこになんの疑問も挟まずにいらしたとすればそれがふしぎです。

人間を見るためのライフ・ヒストリーの手法

鶴見 他の社会学者がどうであったかわからないけれど、私はなにしろアメリカの社会学の近代化論を学んでくると、公害はまさに近代化の産物でしょう。だからそれは近代化論で扱わなければいけないでしょう。いまでこそ環境社会学という分野が成り立っているのよ。だけどそのころは、そんなことはどう扱っていいかわからないもの。だからそこから、内発的発展論というのはもっと理屈のなかから考えたものだったのよ。つまりアメリカのような社会になるとか、イギリスのような社会になる、それが進歩であるというのに疑問を発した。水俣へ行って具体的な問題を扱えなくなっちゃったの。それで私は個人史の聞き取り調査というところに入っていったの。

中村 それはとてもよくわかります。もし私がそういうところにいたら、たぶんそうなるだろうと思いますし、だからおっしゃることはよくわかるんです。ですから逆に学問としての社会学

＊**還元主義**（reductionism） 何らかの法則や概念が、それより下層の概念や法則によって表現でき、究極的には最下層の概念・法則によって記述できるという考え方。ここでは、人間社会の事象を、それより下層の事象によって説明しようとすることを指している。

が変ることはなかったということが……。いくら近代化といっても、社会というものを見つめたら、社会をつくっているのは人間じゃありませんか。

鶴見 そうよ。だから人間があったのかということが問題なのよ、私にとっては。

中村 人間がつくってるのに、そして人間というのは生きものだし、そしてそれは環境との関わりなしに存在する人間なんてないというのは、すなおに見れば……。

鶴見 それは当たり前なんだけれど、学問として、科学として成り立つためには、一応環境からくる人間への影響というのは他の部門——たとえば生物学とか、医学とか——で扱ってもらって、社会学は社会というソーシャル・システムのなかで、社会的事実を社会的事実によって説明するという学である、と。

中村 生意気なことを言わせていただくと、人間を見ていないということですね。もっとも近代化のベクトルは強いですから。自然科学にしても、公害を起こしたのはマイナスと認めても、それを元へ戻すには科学技術を使うのが最もよいと考える人が大勢です。更に科学技術を進歩させればよいのだと。この辺で価値観、ものの見方を変えて、新しい学問、新しい社会のありようを考えてみようとする人はそれほど多くありません。むしろ、専門外の人はそれを求めているのに。その辺がずれています。人間を見ていないのは社会学だけではないかもしれません。

鶴見 私はそう思った。でも、人間を見ているやり方というのが、一九三〇年代にあったの。

一九二〇年代に、W・I・トマスとフロリアン・ズナニエツキというポーランド人の社会学者二人の共著で『ヨーロッパとアメリカにおけるポーランド農民』*が、こんな大きな二冊本で出てるの――私がとても好きな本なんだけれど。これは私がたびたび引用する本なの。この二人の共著は社会学に金字塔を建てた。大変な反響を呼んで、社会学者だけでなくて歴史学者や人類学者、いろんな人がこれについて書いたんだけれど、この人たちがはじめて、ライフ・ヒストリー(個人史)に基づいた研究をしたんです。パーソナル・ヒストリー、パーソナル・ドキュメンツとも言われるけれども、いまはライフ・ヒストリーといっている。

生命誌はバイオヒストリーでしょう? 社会学ではライフ・ヒストリーといったの。あるいはパーソナル・ドキュメンツ――つまり手紙や日記なんかを全部入れるの。そういうものによって、一人一人の個性を大事にして、一人一人が生きてきた生涯を記述する。そういう記述のなかからより大きな社会の変動のプロセスを跡づける。そしてそれを理論化していく。そういう手法を提唱した。確立したというまでにはいかないのよ。というのは、その本を読むと、そういう資料を使ってそこから引き出したというより、一応、自分の頭で考えていた仮説をあてはめるというや

＊『**ヨーロッパとアメリカにおけるポーランド農民**』 W. I. Thomas and F. Znaniecki, *The Polish Peasant in Europe and America*, New York, Dover Publications, 1921.

り方だから、そこはまだはじまりのところなんだけれど。なにしろ一人一人の個人史を社会の歴史、社会史のなかに結びつけようとした本なの。個人史を使って社会の変動を跡づけようとした本。これは二〇年代に非常に大きな影響を与えた。ところが第二次世界大戦後は、こういう傾向がうんと影を薄くしたのよ。そしてむしろパーソンズ流の、仮説の検証という方向に行って、それが科学であると。

中村 いわゆる科学的にしようとしたわけですね。

鶴見 いわゆる科学的、一方ではパーソンズのような大理論（グランドセオリー）派と、もうひとつは「卑俗的経験主義」と言われている、世論調査とか人口統計とか小さいデータを厳密に数式を使って数量的に把握する、コンピューター科学みたいな、つまり統計学的手法というものと、この二つが主流になったの。それでこの二つがどう結びつくかということをいった。私はむしろ個人史をたくさん集めてその中から引きだして、それで他方ではその地域なら地域の、国勢調査からはじき出されるさまざまな統計と、両方使うという方法なの。

中村 第二次大戦後になって科学的という言葉が一面的に使われすぎた。

鶴見 あなたの言葉でいえば、エキソ・サイエンスになったの。

「モデル科学」の限界を見きわめる

中村 そうですね。それは物理学が先頭を走っていたからだと思います。生物学は、むしろ、ある意味ではライフ・ヒストリーを見るわけです。人間ではなくてアリのライフ・ヒストリーとか、おサルさんのライフ・ヒストリーを見ているのが生物学だったと言ってもよい。そうするとそれは遅れているということで、物理学的にならなければいけないとなったのです。

鶴見 物理学は、また今度はエンドになってきたのね。

中村 その中で遅れている側は、懸命にエキソになろうとしてきた。事実その方法はとても有効で、分子生物学が明らかにしたことはとても面白い。ところでその後、人間の社会というもっとわからないところを扱う社会学も科学になり、経済学も計量経済学になって、学問全体がある種の量で表し、法則で表す、物理科学的になろうとしたわけですね。

鶴見 私はそう思う。

中村 じつはよく見ていると、おっしゃるように、おおもとの物理帝国は一九三〇年代ぐらいから崩れていていてというか……。

鶴見 そう、ちょうど量子力学が出てきて。

中村 ボーア*やハイゼンベルグ*なんかが出てきて、相補性とか不確定性原理などが出てきていたわけですね。観測者問題も出てきましたし。

鶴見 だからチャンス・ファクター（偶然性）というものがね。

中村 そうですね。学問の流れというのはそうやってできているから、いま生物学や社会学がじつは科学的というのはそんなに決定論的なものではない、量的にきちっと計算して、たった一つの答を出すものではないということをふまえて自分たちの学問を作らなければいけないわけですね。科学は、みなが共通認識をするための方法論としては素晴らしい。否定してはいけない方法論だと思います。

鶴見 そうよ、それを否定することはできない。

中村 ただそれが絶対だと思うところがまちがい……。

鶴見 そう、それだけじゃないということよ。

中村 だからそれをいかにうまく使うかというときに、ある意味で遅れてきた生物学や社会学から新しい方法論や考え方を出していけるのかもしれません。こちらがなぜ遅れたかといえば、たぶん複雑だからで、物理学は進んでいると言うけれど、よく見ると、物理学はわかるところだけやったんです（笑）。わからないところは除いてきた。たとえば宇宙の遠くとか、とても小さなところとか。そこをやってみたら、不確定性があったわけです。これまでの物理学は、自然科学ではなく、モデル科学だったのではないか。

鶴見 そう、人工的につくりあげたモデル。

中村 人工的モデル科学として見事なものをつくったのです。だからそれは人間という複雑なものにはあてはまらない。だけどこのごろ物理学が自然全体を見はじめましたし、人間も自然の一部ですから、科学を捨ててはいけないと思うのです。

鶴見 私もそう思うのよ。

中村 戦後からいままで科学的、科学的と言ってきた使い方はまちがっていたし、自然科学は自然そのものを眺めず、切り取ったモデルを見る科学だったんじゃないかと。プリゴジンらの言う散逸構造、カオス、フラクタル*や非平衡、相補性、不確定性などに注目した自然に対応する学問ができ上がっていくのでしょうね。そうなったときはエキソではいられないのではないかというのが、いま思っていることです。

＊ボーア (Niels Henrik David Bohr)　一八八五〜一九六二年。デンマークの物理学者。一九二二年ノーベル物理学賞受賞。『量子力学の誕生』他。

＊ハイゼンベルグ (Werner Karl Heisenberg)　一九〇一〜七六年。ドイツの理論物理学者。一九三二年ノーベル物理学賞受賞。『現代物理学の思想』『部分と全体』他。

＊フラクタル　海岸線や木の葉の形など、同じ形が際限なく繰り返され自己相似的に進む形。非線形差分方程式で表現される。

鶴見 ところがエンドはすごくむずかしいのよ。

中村 むずかしい。

鶴見 自分が観察者として介入することによって相手が違ってくるとしたら、つかみどころがないじゃないの。だから観測の理論というのはほんとうにむずかしいものだと思って、それをどういうふうに自分たちの社会学の領域にもってくるか。

中村 モデルの科学は明快ですから、これを限界があるものだと決めたうえでうまく使うことは大事ですね。

鶴見 だけどそれだけではできない。人間が落ちてしまう。

中村 それだけですべてがわかることはありませんね。それでは社会から人間が消えてしまうような変なことが起きる。

鶴見 人間がデータになっちゃうのよ。

中村 そうですね。

鶴見 だってフィールドワークって、野外観察とまったく同じことを私はやってるのよ。生物学者、博物学者が野外観察をやるのと同じように、出かけて行って、人間を生活の場で、どういうふうに暮らしているか、いままで暮らしてきたか、何を考えているかということを細かく生活の場で見るということなのよ、フィールドワークって。

医療の場での人間不在

中村　「人間をデータとして見る」という問題は考えてみる必要がある。

鶴見　数量におきかえて見るのよ。

中村　医療の場でそれを感じるのです。病院へ行くと、たくさん検査があって、コレステロールがいくつとかってデータを書かれます。あなたはこういうデータの人です、となる。顔色を見たり、今朝何を食べてきましたかとか、お友だちとうまく行ってますかという話ではなくて、データで見ますね。だからまちがった人を手術するなどということが起きるわけでしょう。

鶴見　当たり前よ、そんなの。データが同じだったら同じ人なの。

中村　毎日顔を見て話していれば、まちがった人を手術するなんてありえないと思うのです。

鶴見　それで違った場所を手術する（笑）。

中村　データだけ見ていれば、それはやりますよね。だからいまの医療の場は、極端な言い方をすれば、患者さんの方はデータになり、お医者様の方は技術になっている。技術とデータの出会いで、人と人の出会いじゃないんです。だから信じられないような事故が起きてしまう。

鶴見　でもね、それでもリハビリテーションにはさまざまな流儀があるの。患者がこの流儀、あの流儀とやってみて、どれがいいかと価値判断するの。今は、私という人間を、この流儀の一症例たらんと、そういう気持ちです。一症例としてこれをやるか、それをやるか、どっちが自分にとっていいかで、自分が決める。私はいま自分をデータとして考えてるの。そういうことも必要だと思うの。

中村 そうですね、もちろん。お医者さまは、とてもいい先生だけれど何の技術もないでは困りますし、患者に関して何のデータもないのも困りますから、データと技術が必要じゃないといっているのではないのですが、医師という人間と患者という人間がまったく消えて、データと技術だけが出会っているという場面が多すぎると思うのです。

鶴見 名前なんかどうでもよくなっちゃうのよ。でも、人は名前によってアイデンティファイする、同定する。だから私は名前をちゃんと覚える。それが私の流儀なのよ。

中村 社会学のお話を聞いていて、現代の学問が、人間を人間でなく、データにしたり技術にしたりする方向へ来たということをつくづく感じたので、ちょっと医療の話をしたのです。

鶴見 私はそれがとても自分の気質に合わないというか……。

中村 私も合いません。

鶴見 それで、それを一生懸命に習ってきて、これから抜けだしたいというのが、あの内発的発展論なの。

中村 私も抜けだしたいというのが生命誌なので……。

鶴見 だけど完全に抜けだすんじゃなくて、同じ土俵の上で相まみえて、そこですったもんだやりながら、お互いにもうちょっといいものにしたい――そういう感じね。

中村 そうですね。だから西洋の知を否定して、東洋へ逃げたり、そういうことをする気は全然ないんです。

鶴見 ああ、そうじゃない。私、切り捨てるってことができないの、性質上。それが曼陀羅なの。曼陀羅は切り捨てないのよ。「何ものも排除せず」。

中村 その方が建設的ですよね、結局は。

鶴見 と思うけれど、ひとはそう思わない。破壊的と思うんじゃないの？（笑）

中村 そうでしょうか。私はそれは建設的だと思う。私もそういうタイプだからかもしれませんけれど。

鶴見 女ってことがあると思う。男は切り捨てるのは平気よ。

中村 なるほど、そうかもしれませんね。

鶴見 切り捨てなかったら権力闘争に負けるわよ。女は権力なんかほしくないのよ。

中村 いりません。（笑）

鶴見 もっとほしいものがあるのよ、違うもので。それだから、やっぱり究極的価値は違うんじゃないかな。

●「何ものも排除せず」

史的唯物論の描く未来社会は到達点である。近代化論の描く未来像は、収斂概念である。これに対して、南方曼陀羅の中心は萃点《すいてん》である。萃点はすべての異質なもののであいの場であり、到達点ではなく通過点である。その萃点の構造は、固定されたものではない。つねに流動しているものであり、同時に萃点は移動する。たとえば、大日如来を萃点として、すべての諸仏、諸菩薩、その他の土俗の神々を配置したのが真言曼荼羅である。大日如来以外に、その他の仏、菩薩あるいは土俗の神を萃点とすれば、また別な配置図をつくることができる。これを萃点の移動ということができる。萃点の移動によって全体の配置図は変わってくる。そして南方曼陀羅による変化は、何ものも排除せず、という原則に基づいている。例えば、史的唯物論では、これまでの支配階級を排除して、被支配階級が中心に置かれることになる。近代化論では、前近代社会の構造および思考様式が排除されてはじめて近代社会になる。つまり、社会変動は排除によって達成される。しかし、南方曼陀羅では、何ごとも排除せずに配置を変えることによって社会変動をもたらす。配置を変えることによってそれぞれの個は、全体のなかに異る意味を与えられることになる。それが、南方曼陀羅のひとつの示唆に富む新しい組織論ではないか。したがって、固定概念ではなく、可能性の理論である。どういう可能性がこれから生まれるかという点で、創造的流転である。

（鶴見和子）

（『鶴見和子曼荼羅Ⅴ　水の巻』五二八～五二九頁）

中村　そうかもしれませんね。

鶴見　でもこれは女・男と決めないでね。

中村　決めないでもいいけれども……。

鶴見　女的なものと男的なものはいくらか違うと思う。

中村　違うかもしれませんね。

鶴見　私、男のような女というのは怖くて嫌だけれど、女のような男はいいと思うのよ（笑）。

中村　一つには、何でも組みこんでいったら矛盾が起きるじゃありませんか。男的なものはそこを嫌い、女的なものはそれを抱え込む。

鶴見　だから矛盾が問題なの。そこをどうするか。

中村　その矛盾が許せるか許せないかですね。

鶴見　アリストテレス論理学は許さない。形式論理学では、はっきり同一律、排中律、矛盾律*が三つの原則よ。これがなかったら人間のコミュニケーションは成り立たない。だからこれは必要。私、これは排除することはできない。

*同一律、排中律、矛盾律　アリストテレス論理学の基本的な三つの原理。それぞれ「AはAである」「AはBでも非Bでもないものではない」「Aは非Aでない」という意味。

中村 現代科学も二元論できましたし。でも自然を見ていれば矛盾だらけという実感がありますから、自然を知ろうとしたら矛盾を抱え込む考え方、更には学問を作る必要があるのだと思います。

鶴見 しかし、矛盾律でやっていくと、自分と矛盾するものは全部切り捨てることになるの。それでは困るからどうするかというときが曼陀羅なの。そういうふうに私は考えている。

第6場

生命は矛盾をはらんでいる

矛盾が支える生命のダイナミズム

中村 面白いことに現代生物学は、科学でありながら、対象である生物が日常的なものなので ごまかせないところがあります。物理学では、中学校の力学を習うときに、この表面には摩擦はないものとする、摩擦はゼロとするという仮定をおいて計算することが許される。そうやって計算するとわかりやすい。でも生物学は、このチョウには羽はないものとする、というわけにはいかないんです（笑）。生物学は、あるものをそのまま認めていく。その結果、現代生物学がはっきりさせたことは、生物が、増えたり成長したり、または進化したりする特徴を支えているものは矛盾だということなんです。

鶴見 へえー。

中村 DNAという生物を支えている基本物質の面白さは、単なる物質のなかに奇妙な性質を抱えていることです。よく知られている二重らせん構造*をとっていて、そこから必ず同じものが二つできる。つまり、そっくり同じものをつくれるという性質を持っている。これは、イヌの子

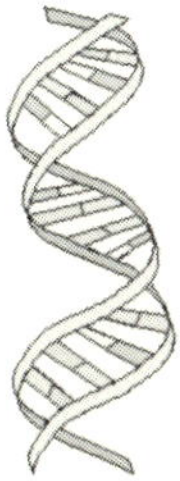

***二重らせん構造**　DNAは前に述べたようにA、T、G、C四種の塩基から成り、AとT、GとCが対になり二重らせん構造をとる。これがゲノムとしての基本的性質を内包する構造になっていることが興味深い。

はイヌ、ネコの子はネコになるために大事なことです。つくってみたら違っちゃったら困る。けれども、これがつねにまったく同じだったら、イヌはいつまでもイヌであって、そこから何か別の生きものたちが生まれてくることはありえないでしょう。新しい型の哺乳類であるサルや人間はでてこない。けれども実際にサルも人間も存在します。それは、DNAの性質のなかに「変わる」という性質も入りこんでいるからです。まったく同じものをつくるという性質と、変わるという反対の性質を同じ構造のなかに見事に持っているのでこんなことができるのです。その中で、同じものをつくるという性質が正統で、変わるという性質は異端かというと、そうではなく、変わるという性質も本質的な性質なんです。

鶴見 両方とも正統なのね。

中村 両方とも本質。それを見事に持っているから、DNAが生命を支えているわけです。また、DNAは非常に緻密にできているけれども、ある意味では遊びだらけなんです。きちっと緻密につくっていくということと、遊びをつくるということとは、これも相反することですね。でもこれも両方とも本質。そういう性質の積み重ねなんです。

生きものは同じだけれど変わっていくというところに本質がありますよね。この机はいつまでたっても同じだけれど、私は一分前の私といまの私では違っている。だけど私は私だというのが私の存在意義ですね。同じだけれど変わるということこそ、生きものの本質。これはどこから来たのか。また、机と私を比べれば、私の方がはるかにダイナミックですよね。生物の魅力はそのダイナミズムにあると思うのですが、そのダイナミズムはどこから来たのか。これらはすべてどう見てもDNAに蓄えられた矛盾から来てるんです。このごろ私は生物を一言で表現してくださいと言われると、「矛盾に満ち、矛盾から生まれるダイナミズムです」と表現するんです。だからこそ私は曼陀羅に興味があるし、先ほど、いろんなものを組みこんでしまうのは破壊的だとおっしゃったけれど、組みこんでいくところにこそ、創出があり、創造性があると思っているのです。

鶴見 いままで結びつかないと思われていたものが結びつくことによって、新しいもの、価値、思想が生まれる。

中村 そうです。新しいものはゼロから生まれるのではなくて、異質なものが結びつくことによって生まれるものですからね。

鶴見 異質なものがぶつかりあって、うまく折り合いをつけたときに生まれる。ぶつかりあって、阻害しちゃえば生まれないわけだから。ぶつかりあって、格闘しながら折り合いをつけて、新しいものが生まれる。

中村 たとえば共生という言葉がありますね。あれはなんとなく皆さん、仲よく共にとおっしゃるけれど、生物的には……。

鶴見 生物的には二つの意味があるでしょう。対立して闘争する、つまり跳ね返しあうという

●創造性について

精神分析学者のシルヴァノ・アリエティは、西欧の独創的な芸術家、作家、哲学者、数学者、自然科学者たちの事例を分析することによって、創造のプロセスを理論的に解明した。アリエティは、創造のプロセスには、つぎの二組の異質な知的過程が結合しあっていることを発見した。第一は、明晰にして判明なる概念と、曖昧にして形の定まらない「内念」(endocept)との結合である。第二は、同一律、矛盾律、排中律にもとづく形式論理と、それらの原則を無視し、ものごとの異質性よりも同質性を重く見る「古代論理」(paleologic)との結合である。

「内念」(endocept)と、「古代論理」(paleologic)は、アリエティの造語である。デカルトの明晰にして判明なる概念と、アリストテレスの形式論理学は、それなくしては西欧近代の合理主義的思考は成立しえない基本的な思考のプロセスである。これら二つのプロセスに対峙するものとして、アリエティは、「内念」と「古代論理」とを設定したのである。合理的思考だけでは、新奇なものは生まれえない。他方、もやもやした内念だけでも、また古代論理だけでも、考えの内容をはっきりしたことばで他者に伝えることはできない。そこで、内念と概念とを、古代論理と形式論理とをむすびつける新しいシステムを作り出すことに成功したときに、芸術においても科学においても、はじめて創造が可能になる、とアリエティは提唱する。

(鶴見和子)

(『鶴見和子曼荼羅Ⅴ　土の巻』三八六〜三八七頁)

ことと、いっしょに助け合うということとね。

中村 そうです。いっしょにいるものが相手のことを思っていっしょにいるかというと、けっしてそうではない。自分が一生懸命生きていると、結局、結論としていっしょにいる方が新しいことができるということになって、結局、共生系*ができてきたんです。どこを見ても、いっしょに仲よくやろうねというところはない。

鶴見 共生というのは仲よしクラブじゃない。

中村 そうなんです。人間ももちろん戦争をしないで、みんなで共に生きていくことが一番いいと思いますけれども、そのためには、自分が自分らしく思いきり生きるということが、結局最後は共生になるのではないか。最初から妥協しながら仲よくやろうねなんていっているところに、新しいものは生まれないと思っているんです。それが内発的発展ということではないでしょうか。

異質なものとの格闘から生まれた「南方曼陀羅」

鶴見 そうなの。だから格闘の末よ。南方熊楠に私がとても興味があるのは、異質なものと、

＊**共生系** 異種の生物が一緒に生活している現象。両者が共に利益を得る相利共生、一方が利益を得る片利共生、寄生などさまざまな形がある。近年これらすべてを合わせて、生物全体を共生系と見る見方が生れている。

とことん格闘したところから自分の考えを出したという、そこなのよ。

中村 そうですね。南方熊楠は森のあるところで生まれた方だから、たぶん、自然との一体感は身についている人だと思うんです。その人があの時代に、西洋を普通の日本人がまだ学ばない時に、徹底的に学んだ。

鶴見 一番先端の科学が発達してたところへ行ったんだから。

中村 そこへ行って、ライブラリーの中へ閉じこもって、すべてを吸収したわけでしょう。その時に自分のなかに矛盾がないわけがないと思うんです。その時に、現代の学者ですと、日本を捨てて、西洋を体系的に受けいれるということでやっていくシステムが、いまはできていますから……。

鶴見 明治以来あったのよね。

中村 できていますから、みんなそれが当たり前と思っているけれど、それができていないので、どうするかというのを個人で考えたのではないでしょうか。

鶴見 それで格闘したのよ。

中村 その結果が鶴見さんが曼陀羅とおっしゃる形で出てきたということが面白い。現代の学者は学問は学問、日常は日常と割り切ってそこをまったく考えないですませています。私も捨てられない人間なものですから、あんなにすばらしく格闘はできませんけれども、ああいうふうにやりたいという感じが強いのです。

鶴見 私もああいうふうにやりたいなと。私にはマリオン・リーヴィというものすごい巨大な構造物があったわけ。それにぶつかっていったのは、うれしかったわねぇ。

中村 闘う相手がおありなんですね。

鶴見 つまり胸を貸してもらったと私は思ってる。巨人が胸を貸してくれる。

中村 それがおありになったことが、とても大事だったんじゃないでしょうか。

鶴見 私、マリオン・リーヴィに会わなかったら、内発的発展論なんかでてこなかった。若い時に格闘しなきゃだめなのよ。私は四十過ぎてたけれど、自分にエネルギーがある時に格闘しなきゃだめね。異質なものとの格闘をしなければ……。親と格闘してもいいわよ、先生と格闘してもいい。何と格闘してもいいから、ほんとうにこれが異質だというものと、ほんとうにこれが自分のものというものを持って格闘しなきゃだめね。自分に何にもなかったら格闘できないものね。で、格闘しているうちに自分が何であるかがすごくわかってくるのよ。これとは違う、これとは違うってやってるうちに、何かでてくるのよ。

中村 二十世紀は、西欧型の大きい文明がつくられ世界の各地へ押し寄せた時期で、それがいろいろな矛盾を生みだしましたし、いろいろなものにぶつかってきた時代ですから、そういうものに異質だといってぶつかっていける人間として、存在できたことはよかったのかもしれない。

たとえば日本人であるとか、女性であるとか……。

鶴見 女性であるというのは、すごく強みよ。

中村 異質にぶつかって何かを創り出すという意味では得だったと思います。

鶴見 だいたい大きな建造物というのは男だからね。だからいいのよ。今はまだ女性のチャンスよ。そのうち男が大きくなくなったら、もう女のチャンスはなくなるから、いまのうちにやっておく方がいい。

中村 ちょっとこのごろ小さくなっていません？

鶴見 小さくなってきたから、心配だわ。これから女は面白くなくなっちゃうわよ。だって相手がいなくなるもの。格闘の相手がいなくなったら格闘技は終わり。

中村 新しいものを生むもとがありませんね。

鶴見 私もそう思ってる。男をもっと強くしなくちゃ。

中村 私、だから男の学生を一生懸命応援しています。

鶴見 それがいいわ。女はもうけっこう強くなったの。

中村 女の人は応援しなくても本来強いんですから。生物学的にいうと、メスの方が強いのです。

鶴見 いかなる統計を見ても、いかなる社会でも女が男より長く生きる。

中村 新しいものを生みだすためには、ぶつかるものを見つけていくことが大事ですね。

鶴見 ぶつかるものがなくなったら、創造というのはなくなっちゃうの。

中村 西洋とか、科学とか、男性がつくってきたシステムとか、それを女性の眼で見ることは新しいもののために大事ですね。

鶴見 大事ねえ。男性よ強固であれ（笑）。

中村 日本人で、女性でというのはよかった。

鶴見 私は自分が特権階級だなと思う。

中村 得したと。

鶴見 得だな、男に生まれたら気の毒だなあ。つまり男は格闘よりも、何しろ階段を上がるしかないの。私は階段を上がらなくてもいいの。

中村 すでにあるものを上っていくのだから楽みたいだけれど、たいへんな制約もあるでしょう。それから上らなければいけないという圧力。

鶴見 そう、女は階段なんか上がる必要がないの。

中村 何かをつくっていくのは、一見大変みたいですが、隙間をみつけて家を建ててしまえばよいわけで、好きなように設計できるからわりあい楽。すでにあるものの上に構築していく方が恐らく大変であり、しかもそれはすでに古くなっていたりする。

鶴見 そうよね。ないんだから。

中村 とんでもないことを言って、世の中の男性すべてから総スカンを喰っても困るので、こらへんにしますね。でもこれ男性への応援なのですけれど。(笑)

生は必ず死を伴う

――「矛盾」ということでは、中村さんが「生の中に死がある」*と書かれていて、驚きました。

中村 私がいったことはわりあい単純なことで、生きもののことを考えるとき通常は、生か死かと二分法で、対立するものとして考えますね。まず、生と死が必ずしも対立していないということ。生の反対は死か、生があったら必ず死があるかと言われると、そうでない形、たとえばバクテリアなど単に分裂していく生物は、基本的には無限に生きていける方法をもっている。最近、バクテリアのなかに死をプログラムしている遺伝子があるらしいことがわかってきたのですが、生命の始まりには、生との対で必ずしも死はなかったと思います。私たちのような多細胞生物は、個体の死がある。それから細胞として見ると一つの個体ができ上がるためにはたくさんの細胞が死ななければなりません。受精卵から身体をつくりあげるまでには、たとえば顔ができる。顔の形のつくりかたは粘土細工みたいなのです。機械ですと、部品を組み立てますが、生物は大雑把な形をつくるわけです。顔だったら粘土細工で鼻を作る時に削るように周りの細胞が死んでいくわけです。一番わかりやすいのが手で、手は一かたまりのものをつくります。

鶴見 ミトンね。

中村 そしてあいだが死んでしまう。すると隙間ができる。指にあたる棒をつくっておいて、それを立てていくのではなくて……。

鶴見 組み立て式じゃないのね。

中村 そうです。組み立て式でなく、粘土細工をつくるようにします。アヒルだったら、死んでいくときに間に薄く細胞が残り水掻きになります。陸に上がった生きものは全部死んで独立の指になる。おぎゃーと生まれる前に……。

鶴見 すでに死があるということね。

中村 そうです。だから生まれる前にたくさんの死があり、その後ずっと育っていくあいだも、神経細胞が死んでいったり歯が抜けるとか、垢が落ちていくとか、いろいろなことをしてるわけです。そこで、生きているということと死んでいるということはいっしょに動いている。

鶴見 いっしょなのね。だっていろんなものがほんとに毎日落ちて、それじゃなかったら顔がきたなくなっちゃう。角質とか……。

＊本書三七頁「問題提起」参照。

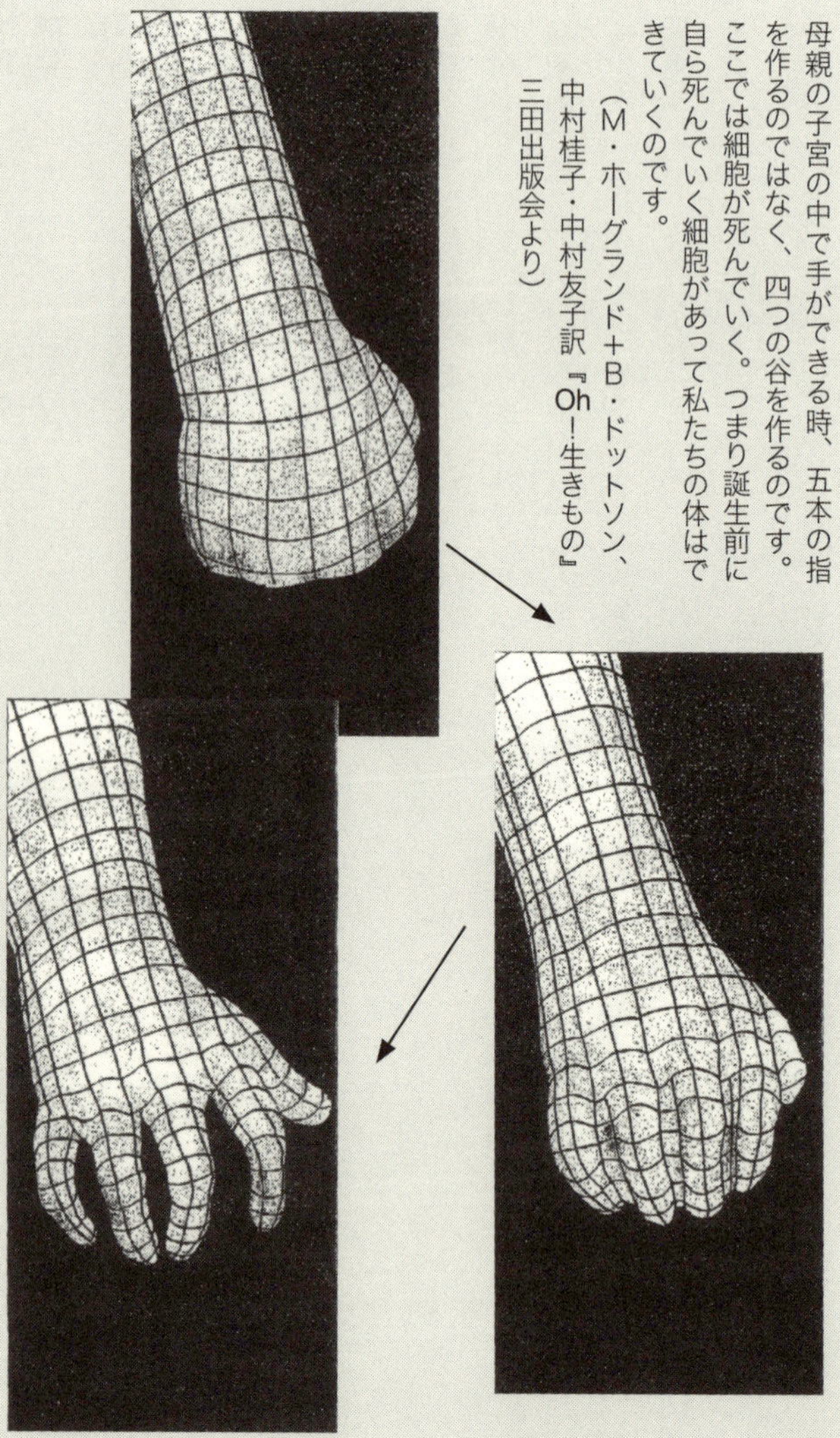

母親の子宮の中で手ができる時、五本の指を作るのではなく、四つの谷を作るのです。ここでは細胞が死んでいく。つまり誕生前に自ら死んでいく細胞があって私たちの体はできていくのです。

（M・ホーグランド＋B・ドットソン、中村桂子・中村友子訳『Oh！生きもの』三田出版会より）

中村 お酒をお飲みになれば、肝臓の細胞もぽろぽろと落ちていきます（笑）。

鶴見 耳の痛い話だなあ。

中村 また新しくできてくるものもあるわけですから、ここまで生きていて、ここから先死ぬとピタッと分かれているわけではない。

鶴見 生と死が循環しながら生きていく。

中村 そして結局、最終的には一つの個体が全体として死ぬという流れです。しかしその個体の生殖細胞から生れた新しい個体が生きていくので生殖細胞に着目するとずっと生きているともいえるわけで、ここでも生と死は明確には分れません。

鶴見 死ぬけれども、この人のもっていたゲノムとか、DNAは子孫に伝わっていくということね。

中村 そうです。死と生とは、対立概念ではないんです。先ほど、同じものをつくっていくということと、変わるということは対立概念ではないと申しましたが、体のなかは対立概念がないと言ってもよい。いつも絡みあい絡みあいしていく。

鶴見 それが粘菌ね。

中村 それが見やすく見えているのが粘菌ですね。

脳死判定は「約束事」にすぎない

――そうすると、生と死をはじまりとか終わりとはとらえないことですね。

中村 だから、生命のはじまりを規定するのは難しい。たとえば人間はどこからはじまるかという議論があります。体外受精が行なわれることになって、受精卵がたくさんガラスの容れ物の中にできてしまいます。それをいつまでもとっておくわけにもいかないから処分する必要がでてくる場合もあります。

鶴見 そうすると殺人罪になる。

中村 そうです。この受精卵は人間であるか人間でないかということが大問題なんです。殺人罪になるかならないか。お医者様としては、これを処分することが殺人罪になるのでは困る。それで、これは人間か人間でないかという議論が激しく行なわれました。一九七〇年代ぐらいからですから、三十年ぐらい、ずっとやっているんです。さまざまな意見があって、もちろん受精した途端に人間だという、ローマ法王はその立場です。だからカソリックは堕胎は絶対にいけない。それから、たとえば心臓が動きはじめた時からが人間だという説もあります。脳こそ人間らしさをきめるもので、意識がでてこそ人間なんだから、脳波がでるようになった時からが人間なんだとか、最後は生まれてきた時からが人間なんだとか、もう諸説紛々で三十年間議論しています。

いまの結論は、三十年間議論してもどうにもわからないことは、わからないのだと……。（笑）

鶴見 そうだ、それがいいや、「無明の井」* よ。

中村 それがいまの結論です。日本ではあまりそういう議論はしないのですが、欧米では……。

鶴見 脳死の問題にもつながってくるのね。

中村 そうですね。脳波がでた時がはじまりだという人は、脳死を死と見る。でもみながそうとは言いませんので、三十年議論しつづけたのに結論が出ないというのは、人間のはじまりを決めることをやめようということ。いま一応そんな感じになっています。私はそれがよいと思っています。もっとも、体外受精が行なわれている限り、受精卵は扱うので、便宜上、受精後二週間までは人間でないとして扱えることに約束事ができてはいます。もちろんだからと言って、二週間より前の受精卵を粗雑に扱ってよいということにはなりません。殺人にはならないということ、研究には使えるということですね。

――はじまりがそうであるということは、終わりもそうだということですね。

＊「**無明の井**」 多田富雄の脚本による新作能。脳死状態で心臓を摘出された若い漁夫の霊と、それを移植された女の霊のこころの葛藤を描いた作品。現代に「死」の意味を問う。

中村 終わりもそうです。脳死については、日本では「これが人間の死か」という議論をしてしまいました。これに答はないわけでしょう。ただ臓器移植は行われているわけですから、お医者様を殺人罪にしないためには、脳が止まった時に心臓をとり出してもよいように、その場合だけは一応死と認めようという約束事は必要です。受精卵の扱いの場合とまったく同じに便宜上の約束事です。だから臓器移植をするときの約束事として決めるのであって、人間の死として決めるのではないという議論をしなければいけない。外国では約束事として議論できるのに、日本では脳死は人の死かという議論をする。

議論の仕方がまちがっていると思うのですが、そういう整理ができない。厚生大臣が集めた委員が、人の死を議論するということ自体が変でしょう。そこで議論すべきは、臓器移植を日本の医療システムのなかで認めるのなら、そのときはこういう約束事をしますということを決めることです。その約束の上なら臓器移植をしても殺人にはしないようにしましょうということを決めるのなら、識者が二十人集まって決めてもいい。そういう委員会であるはずなのに、その人たちが脳死は人間の死かという議論をはじめてしまい、何もわからずに終わって、なんだかうやむやでしょう。

鶴見 つまりプラグマティックじゃないのよ。絶対主義なのよ。

中村 そうなんです。イエスかノウか、黒か白か。

鶴見　プラグマティックにやればいいのよ。この目的のためにこういうふうにって……。

中村　こういう約束事にしましょうって。

鶴見　このことに限定すればいいの。あとのことはまたそれぞれが決めてくださいって。

中村　それができない国ですね。

鶴見　まちがい主義というのがいいのよ。それがプラグマティックな……。

中村　だから限定しなければいけないんです。あなたの権力、力はこれだけですよと。これだけの中での約束事はこうしましょうと。

鶴見　そう。これだけのなかでこういうふうにいたしましょう。あとのことはまた別に決めましょう。

中村　人の死とか生とかいうことは、委員会で決めることではないと思うのですが、それを委員会で議論する変な国です。

第7場

アニミズムと科学

アニミズムとは何か

――鶴見さんは、「アニミズム」と科学を結びつける考え方を模索されていますね。

鶴見 アニミズムというのは、非常にマイナス価値に考えられているの。だからもうアニミズムといってしまうと、ばかにされるのよ。だけど違うの。科学自身がその方向にいま向かいつつある。

まず「アニミズムとは何か」という定義を一応した方がいい。それで、それは中村桂子さんがこの「解説」(本書三七頁「問題提起」)の中に三つだしていらっしゃるでしょう。一つは、互酬性。「自然と人間との間に互酬性がある」というのは、お互いにやりとりがあって、こっちから向こうに何か価値あるものを贈ると、向こうも同じような価値あるものを返してくれる。つまり贈答の間にお互いに助け合うものがある。お互いに同じような価値をやりとりしている、そういう意味ですね。それともう一つは、自然に対して人間がかぎりない親しみをおぼえると同時に、それだけではなく、恐れをいだいているということ。そして三つ目は、生と死が交流しあう。こういうふうに三つに整理してくださったの。

私の言葉でいいますと、人間には魂がある。それで自然のなかに、自然というときにおそらく中村さんは生きているものと考えていらっしゃると思うんだけれど、生きとし生けるもの、そして生きていないもの――石ころとか、水とか、山とか、生きていないもの、山にも生物がいるんだけれど、普通生きていると考えられていないものについてさえ、つまりこの宇宙のなかにある森羅万象すべてのあらゆる事物が、人間が持っていると同じように魂をもっているんだと。みんなそれぞれよ。そういう考え方にもとづいて、それだから魂を持っているものとしてつきあうという、そういうのが一番基本的な意味だと思うの。

そしてもう一つ、最近になってつけ加えた方がいいと思っているのは、生と死の交流というふうに中村さんがおっしゃっているけれど、循環思考ということだと思うの。経《へ》めぐる、つまり四季の感覚ね。日本のようなところは春・夏・秋・冬がはっきりしてるの。はっきりしていないところもあるけれどね。暑いとか寒いということが、まず感覚的に違うのね。春の次には夏が来るし、その次には秋が来るし、冬が来る。あんまりはっきりしていなくても暑いと寒いの変わりがいくらかでもある。そして違う木や花が咲く、違う動物がでてくる、というような四季の移り変わりというのは循環です。それから人間の生と死というのも、一人の個体が死んで、次の個体が生まれてくるという意味で、生と死の循環がある。そういう循環思考というのがあると思う。

つまり直線ですべていっちゃうというのではなくて、巡りあう、経めぐるという、この思考の形態と、いま申し上げた、すべてのものが魂を持つから、それに対してそのようにつきあうという考え方が、それはいろんな意味があると思いますが、アニミズムの中心としてある。そして一番最初はタイラー*が言いはじめたことですが、これは原始心性、原始人の心性であると。その後のすべての人類の底流としてはあるけれども、しかし時代からいえば原始心性である。こう言ったために、その後、アニミズムというのは原始人の心性だから、現代人になればそんなのは捨てた方がよろしいと、進歩の思想からそういうふうに言われてきちゃったから、アニミズムをいまごろ言いだすなんてということになる。そうではなくて、日本人にはわりあいとたくさん残っている方だけれども、どこの社会にもどの地域にもそれはいまでも行き渡っているというふうに、私たちがいろんな人とつきあって感じることができる、そういう心性。まずそんなところからはじめてみましょう。つまり私が「暴力のより少ない科学」というのは、さっきお話しした、リン・ホワイトが一つあるのよ。

アニミズムと宗教

鶴見 それからもう一つはマックス・ウェーバーなの。社会学からいうと、とくに社会変動論とか、近代化論からいうと、マックス・ウェーバーというのは避けて通れないのよ。で、どうやっ

＊タイラー (Edward B. Tylor) 一八三二〜一九一七年。イギリスの文化人類学者。*Primitive Culture*, 2 vols. Murray, 1871.

たらマックス・ウェーバーを、そういう言い方はよくないけれど、越えられるかという問題なの。ウェーバーが言った「プロテスタントの倫理と資本主義の精神」、これはいまでも、マートン*が何年か前に書いた本のなかでも、このことを論じているんだけれども、この考えはずっと続いているというの。マックス・ウェーバーは、資本主義が最初に発達してきた時の時代のことをいってるの。資本主義の精神とプロテスタントの倫理は親近性があると。つまり一つが原因で一つが結果ではないの。親近性がある。

そこで何が親近性かというと、まず働き主義。働いて、そしてお金が儲かったらそれを使わない、禁欲主義。働き主義と禁欲主義と、それから個人主義。つまり集団主義ではなくて個というものを判断の基準とする。集団に自分が埋没するのではなくて、個として自分が責任をもって事を遂行する。この三つが大事な点。この三つがあったから資本主義の本源的蓄積ができた。働いてお金を使わなければ、お金が貯まるじゃない（笑）。そうやったから、企業を興すためには資本が必要。その本源的な蓄積は、この精神があったからそれができた。カトリックのところはいつまでも集団主義で、だから資本主義の発達が遅れた。ウェーバーは、こういう精神が非常に強く働いたドイツと、それからアメリカで見たの。だいたいニューイングランドあたりでずっと観察してたの。ニューイングランドはプロテスタントだから。それで、ここで資本主義の発達が早かったと。それで今度はカトリックの側からは、いや、カトリックの方が早いんだとか、そんな論争がだんだん出てきたんだけれども、歴史的、論理的にそれを描いたのね。だからそれがずっと金科玉条のようになってる。

ところが、それではいま、資本主義が高度工業化社会になった時に、この精神で行けるかという問題が出てきてると思うの。そうすると、これではいけないだろうと。資本主義の社会を展開していくためには、結局、プロテスタンティズムという宗教を社会変動の動機づけの体系としてマックス・ウェーバーが確立して、それがずっと続いてきた。それじゃあ、これからの社会発展のための新しい動機づけの体系は何であろうと私は考えたの。そして水俣の調査をやったり、あっちゃやったりこっちやったりしてるうちに考えたのは、人間が自然を全然破壊しないということはできないのよ。これはいくらユートピアになっても、人間が植物を食べないことはできない。

中村 ライオンだってシマウマだって生きものを食べているんだから。

鶴見 動植物を食べないで生きられないのよ。だから必ず暴力を使うのよ。だけど暴力をいくらかでも少なくしていく。それはどういうことかというと、自然と人間との共生を考えるような宗教、動機づけというものだと思うの。

＊**マートン** (Robert King Merton)　一九一〇〜二〇〇三年。アメリカの社会学者。『社会理論と社会構造』他。

●普通人の信仰

地球上のさまざまな地域でそれぞれ多様な発展の模式が展開されるとするならば、それら異なるすじ道を相互にむすびつけるものはなにか。わたしはそれをアニミズムの再定義をもってすることを提案したい。「価値としての共生」（生物学用語としての共生と区別する）としてアニミズムを再定義するのである。価値としての共生の中にはすくなくとも、四つの層がある。人間と人間以外のすべての自然のものとの共生、女と男との共生、異文化をもつ人と人との間の国境内および国境をこえた共生、そして異世代間（死者—生者—これから生まれてくる生命）の共生の四層である。そしてこのようないみでの民間信仰としてのアニミズムを、デューイの「普通人の信仰」(common man's faith) とむすびつけて考えると、さまざまな制度化された宗教を根もとからささえる人類の根源的な信念としてとらえなおすことができるだろう。

（鶴見和子）

（『鶴見和子曼荼羅Ⅰ　基の巻』一五頁）

それからアニミズムが宗教か宗教でないかという問題があります。宗教の古典的定義はデュルケームによってされています。第一にあらゆる人間は聖と俗との区別をする。第二に、聖なるものについての教条（ドグマ）がある。第三に、聖なるものへの儀式がある。第四に聖なるものを俗なる人にとりつぐ司祭（僧侶）が存在する。そして信者の集団（教会）がある。アニミズムには、これらのうち少なくともドグマと儀式と教会が欠けている。だから宗教ではないと言われます。だけど私は宗教の定義を変えれば、アニミズムは宗教であるとはっきり考えている。そのところで私はジョン・デューイ*のコモン・フェイス――「普通人の信仰」*――を使っているの。つまり自分より大きなものに自分を一体化しようとする努力、一体化することはできないけれど、一体化しようとつねに努力する過程、それが普通の人の信仰・信念である、という薄っぺらな本を書いてるの。私、宗教というのは、信念、信、つまり信じていることと置き換えれば使えると思う。そうするとアニミズムも、つまり自分よりもっと大きな生命体に自分を一体化しようとい

***デューイ**（John Dewey）　一八五九～一九五二年。アメリカの哲学者、社会心理学者。プラグマティズムの哲学を大成。教育学者としても、とくに児童教育を実践的に指導。『民主主義と教育』『哲学の改造』他。

***『普通人の信仰』**　John Dewey, *A Common Faith*, Yale University Press, 1934.　鶴見和子『日本をひらく』岩波セミナーブックス、一九九八年、三九～四二頁参照。

う、そういう信だとすれば、アニミズムは信なの、信仰なの。私自身はそういう信仰で生きているつもり。

宗教というのは、まず聖と俗を区別して、聖なるものに対するドグマをもつ、それから聖なるものに対する儀式をもつ、それから同じドグマを信じ、同じ儀式をとり行う集団をもつ。この最後は教会ですね。これらを備えたものを宗教という。これはデュルケームの古典的な宗教の定義なの。それに合わないのよ、アニミズムは。だから宗教ではないと言われている。それなら宗教という定義を変えればいいというの、私は。それで宗教と言わないで信念といえばいい。それが共通の信念。これはジョン・デューイを用いるの。私、あれ用いたりこれ用いたりするんですけれどね。

それで新しい時代の、これからの千年ということを考えたら、アニミズムを普通の人の信仰として認めて、これにもとづいた科学および技術を使っていったら、自然破壊というものはいまより少なくなるであろう。つまり全然なくなるという、そういう考えに立たないの。絶対主義じゃないの。相対主義に立って、相対的に少なくなるであろう。そういうふうに考えてるの。

アニミズムを「関係」としてとらえる

中村 よくわかりました。すべてのものに魂がある、それから循環思考とおっしゃった。すべてのものに魂があるかどうかはまず脇に置き、少なくとも生きものについては、人間と他の生きものはつながっているというのは、現代科学が明らかにしましたね。

鶴見 そうそう、だからいいわけね、そこは。

中村 大腸菌から人間まで、基本的には同じなのであって、あちらに悪いことはこちらにも悪いんだというところは解きましたので、そこは科学そのものをあてはめてもいいのですが、あらゆる生きものに魂があるか、石にも魂があるかとなると、科学とはつながりません。私の日本人的感覚からいうとかなりわかる、わかるというか、直観的に納得するのですが、ここで科学とアニミズムを重ねようとは思わないんです。いまおっしゃったように、アニミズムはある種の信念であるし、科学は仮説の検証を重ねていく論理的理解。

鶴見 つまり行動の動機づけの体系なの。

中村 物事すべて信仰で説明できるものでもなければ、物事すべて科学で説明できるものでもなく、それぞれのシステムがありますから。

鶴見 それが価値の基準になるのね。

中村 ですから重ね合わせるのは無理ですね。ただ、アニミズムを捨て去るのではなくて、それと同じような自然に自分が気がついているということは感じます。少なくとも生物に関しては。では、机や石、山にも魂をみるかというと、魂というものがそこにあるかと考えたら難しい。私

●田中正造のアニミズム

（田中）正造は、政府の無謀な遊水池計画と、河川が氾濫するたびに堤防を高くしてゆく近代河川工法に反対であった。農民の立場にたって、治水をしてゆくためには、まず河川の実地をつぶさに調べる必要があると考え、一九一一年十一月に、下野治水要道会を設立し、栃木、群馬、茨城、埼玉、千葉、東京にわたる利根川を中心とする水域を調べることに力を尽した。その趣意書に、正造はつぎのように記している。

　下野治水要道会は栃木の人々に依りて組織し利根川を中心として〈別に那迦川を携え〉その天然自然の山河〈と〉地勢とを愛養すべき〈要道〉を学び、流水の心を以て心となし、県民水攻め〈の〉極災を免かれんため他府県の関係に渉らんことを欲するものなれば、入会者よろしく自国の調査を詳《つまびらか》にしてまず下野の山河土地安全の道に到るを第一義となし……（傍点鶴見）

一九一三年七月、その死の直前の日記には、治水についてつぎのように記されている。

　河川の本は山沢にあり、雨量にあり、山沢を健全にして宜しく基本を修め、而して河川の改修々築の事を図るべし。……宜しく天然に則り地勢に従はゞ、河川の流動、自然の法則によりて海へ行く。……君子の河川を治むるや、其の心必ず流水の如し。其心、水に似ずして、いかで水を図るべけん。

　雨の日、水は低き処を経て、低きより低きを経て流れ行くを観よ。特別の工事を要せざる也。唯浚渫は河川修築の根元なり、之を治水と云ふ。浚渫の外何等工事の必要なし。若し為せば害のみ。而も若し無理に之を為せば、其害いよ〳〵多し。日本今日の治水なるもの、之を為せば為すほど、害の多きに至るのみ。

一九一二年八月二十四日には、「山を治むるものは、其心、山の如くなるべし。水を治むるものは、其心、水の如くなるべし」の警句を記す。

（鶴見和子）

（『鶴見和子曼荼羅VI　魂の巻』四三七〜四三八頁）

の気持ちではそれは「関係」ではないかと思います。この石もいいなと思うとか……。

鶴見 そう、関係なの。石にどういうふうに対するか、という対処なの。

中村 魂というものが石の中に入っているとか、山の中に入っているとかいうことではなくて、石がいいなと思う、山を大切に思うという、関係ではないかと思います。関係だとすると、私と大腸菌との関係と、私と石との関係は、同じでありうるんです。

鶴見 そういうこと。というのは、ちょっと例を引きますと、田中正造の書いたいろいろな未発表の資料が、岩波書店から出ていて、とても面白いの。川に洪水が起こる。そうすると明治以後は堤防を高くするでしょう。するとどんどん川が氾濫してくる。「川には川の心がある、山には山の心があるから、川の心がこのように流れたいといってるように流すのがよろしい」と。私、ああこれはやっぱりアニミズムの精神を表してるなと思った。江戸時代の治山治水は、みんなそうなのよ。それはどういうのかというと、川には川の心、魂がここにありますよというのではなくて、川が流れてるのよ。そうするとその水を塞き止めればあふれちゃうのよ。どうしたらいいかというと、その沿岸に雑木林をつくるの。そうすると実がなる。鳥が来てついばんで、糞をする。そうするとどんどん雑木が生えてくる。そうしたら根が保水する。保水するから、そこで水が調節できるの。それから田中正造は、上流の山を切り拓いたりすると、必ず氾濫が起きますよといってるの。いまそれをやってないのよ。どんどん伐っちゃうと、そこに氾濫が起きる。だからそれは、人間が川にどう接するのかという関係なのよ。それで川と木と山をどのように関係づけるか。おっしゃるとおり、関係のなかにあるのよ。それを魂があるというふうに、わかりやすいから言ってるのよ。

中村 よくわかります。

鶴見 面白いから。だから神話的にいってるの。ただ物語にしてるだけなのよ。

中村 そうですね。だからといって魂があるという言葉にこだわって、科学としてはそういうものに向いてはいけないと、ぽいっと捨てるのではなくて、関係なんだと思って、科学で理解していった中にそれを取りいれることはできるだろうと思います。

鶴見 それが面白い。鎮守の森がそうなの。鎮守の森の木は神様が宿っているんだから、伐ってはいけませんというのは、科学からいうとおかしいと思うの。だけど、鎮守の森を伐ってしまうと、氾濫を起こしたり、そしてツバメが来なくなって虫が増えたり、そういうことをしますよと南方熊楠は言ってるのよ。「鎮守の森を守れ」と。あるいは神様の木ですからとか言ってきたのには、ちゃんと科学的な根拠がありましたということを言ってるのよ。

中村 そうですね。あそこに神様が宿っているから伐らないようにしましょうと言ってきた樹について、科学の時代になって科学として調べた結果から見ても、伐らない方がよいという結論になる。そういう例はたくさんありますね。

鶴見 そうなの。タブーにしたから守られたの。

中村 それを理屈で、なんとか言ってみても通じないわけで。

鶴見 そのために田んぼに水がちゃんと入ってきたの。

中村 見ているものは同じだということですね。それから循環もそうで、生きものはまさに循環。

鶴見 だって体のなかに血が循環しなくなった時に死ぬんだもの。

中村 私は大学で化学を勉強しました。中学・高校の頃の生物学は暗記が多く面白くなかったので、論理、理屈が好きなものですから、化学に行ったのです。その頃、『ダイナミック・アスペクツ・オブ・バイオケミストリー』という本が出されました。ダイナミックとは何かというと、体のなかへ入った物、たとえば食べ物が分解されて変化していく反応がダイナミック。澱粉を分解してできた糖を体のなかでぐるぐる回して、そのあいだにエネルギーを少しずつ少しずつ出して使っているんです。ところでわれわれは薪を燃やしますね。薪を燃やすということは、炭素がいっぱいつながった物質を、いちどきに二酸化炭素にしていることなんです。一方体のなかでは、少しずつ少しずつ変化させながら、体に必要なものを全部つくって、これを利用し、しかも少しずつ少しずつエネルギーを取りだして、またもとへ戻しているんです。

それを見たときに、人間が試験管の中でやっていることよりは、小さな生物でもその体の中で

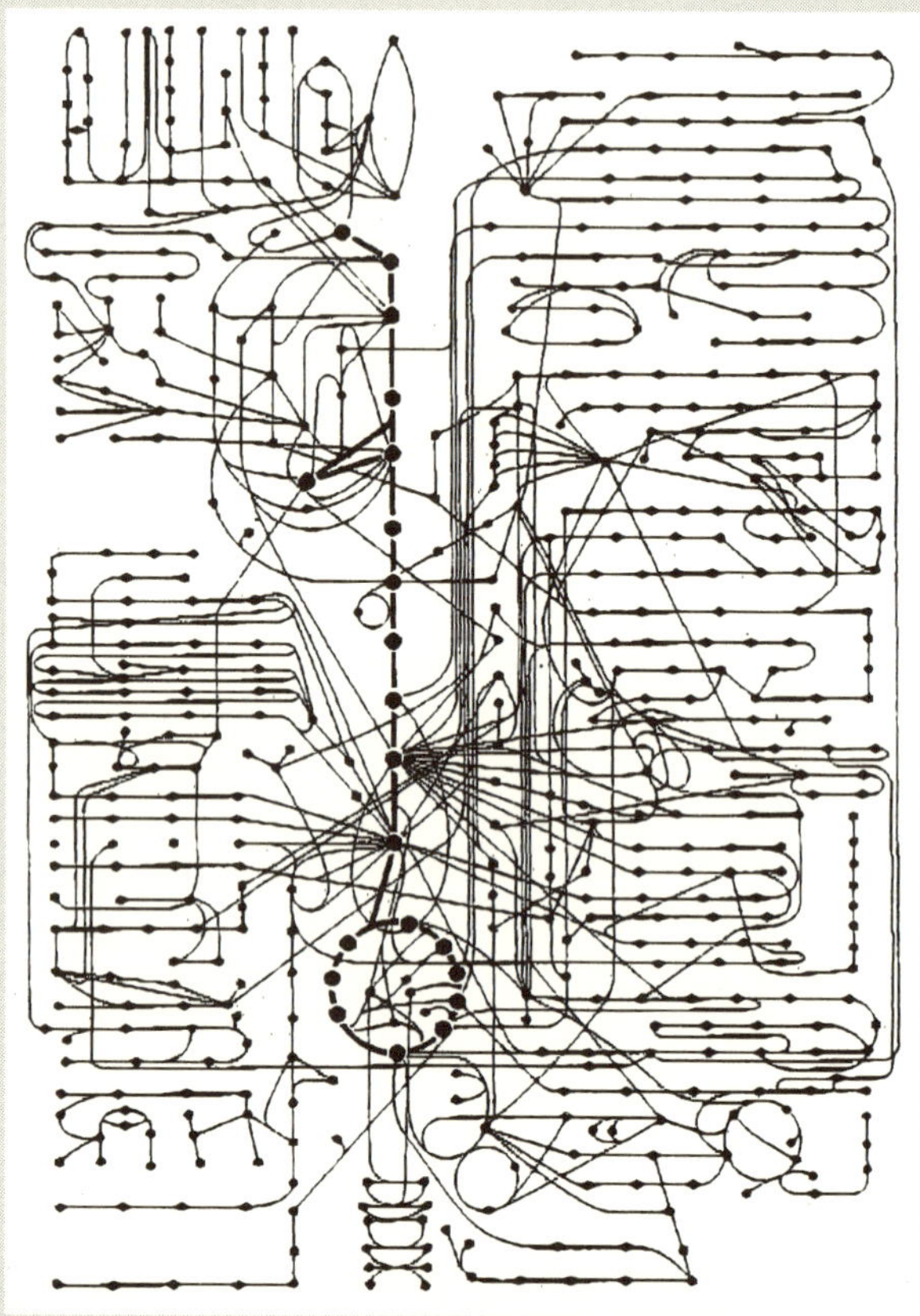

細胞内での分子の動きを示す図。●は分子を示す。とり入れた食物が分解し、その結果エネルギーが生じる作用（異化）と、このエネルギーを用いて体に必要な分子を合成する作用（同化）とが行なわれている。それらがすべて相互に関連し合っているところがみごと。
（中村桂子氏提供）

やっていることの方がすごいと思って、生物学に転向したんです。ですから、生物が循環であるというのは基本。体のレベルで見ても、物質のレベルで見ても、種で見ても、生きもの全体で見ても、生態系で見ても、何で見てもサイクルしかありません。時間も、ある意味ではサイクル。

鶴見 だから直線というのはおかしい。

中村 ですからこのごろ「リサイクル」という言葉があるんだけれど、私は「リ」は取るべきだと思うのです。「サイクル」にしていかないと。リサイクルは本来直線的に進んでよいのだけれどしかたないから戻すという考え方でしょう、そうではなくて、本来回っているものだ。だから産業なども自動車をつくって、しかたなくリサイクルというのではなくて、はじめから原則的に回るように設計する。

鶴見 あとで廃物になったときにサイクルができる、そういうものをつくる。

中村 回るように設計するという方向に、たぶんこれから行くと思います。宗教と科学を重ねたり、アニミズムと生物学を重ねたりするのは無理ですからしようと思いませんけれども、見ているものは同じだとは思います。

鶴見 そうね。私が山形で「アスペン・セミナー」[*]というのに行ったら、家庭の主婦やいろんな職業の人が聴講に出てくるのよ。そこでいろんな話をして、アニミズムという立場に立つと、より暴力の少ない科学技術ができるんじゃないかという話をしたときに、いろんな音響装置を作っている会社の社長さんがこういう話をしたの。「私は音響装置を作っているんですが、そのなかで花を育てるということに興味をもって、バラを育てるにはバラがどんな音楽が好きかという実験をやってみました」っていうのよ。「このバラはベートーヴェンが好きなのか、ショパンが好きなのか、モーツァルトが好きなのか、いろいろやってみましたら、ベートーヴェンが好きだということがわかりました。それでベートーヴェンを聞かせてバラを育てました。そうしたらすばらしい花が咲いて、とても長持ちします」と。そういう話を聞いて、面白いと言ったら、本をくれたの。そうしたらその人が、これがベートーヴェンのバラですといって、箱詰めにして送ってくれたの。びっくりしたんだけれど、すごく幹が太くて、ぴんと立っているの。それを床の間に生けておいたら、すごく長くもったの――バラってすぐ散っちゃうでしょう。それがいつまでも美しくてね。なるほどね、これこそアニミズムを応用した技術かなと。

それからよく引くのは、大分県の海洋牧場*の例で、人間が音楽を覚えるんだから魚も音楽を覚えるだろうといって、音楽をかけながら餌を与えてる。これは条件反射ですね。あまりホルモンとかはやらない。それで放して海を泳がせて、海洋から元気な魚を呼び戻して、いま必要な量だけ取って、あとは放すといったの。それじゃあ、何パーセント取って、何パーセント放すんですかといったら……。

中村 とるのは少ないでしょう。

鶴見　二〇パーセント取って、八〇パーセント放すそうです。それじゃあ損するじゃありませんかといったら、いや、損しません。それだけ海洋資源を豊富にしてるんだって。面白いねえと思った。あれが昔の漁師の考えなのよ。全部は取らないで、あとは子孫のために残すというのが、昔の漁師の漁の仕方だったの。それで、ああ、これはアニミズムの技術だと。それでも技術といっても、音響装置もほんとに高等な技術を使ってるのよ。太陽光線を使うとか、エネルギーは自然エネルギーでやるとか、すごい装置を使ってる。近代技術を使って、アイディアはアニミズムなの。それが面白いのよ。科学技術を否定するのではなくて、アイディアをとって、科学技術をそれによって駆使する。そうすればもっと暴力が少なくて、体にもあまり害のない食べ物をつくれる。そして外国から引き合いがあるというの。それが面白い。これが日本が発信すべき技術じゃないかななんて思って、これを英語で書いた論文*を外国に持っていくと、面白がられるのよ。

＊「**アスペン・セミナー**」　講演・対談「柳田国男・民俗学・東北」（『鶴見和子曼荼羅Ⅳ　土の巻』所収）

＊**海洋牧場**　大分県が「一村一品運動」の一環として一九八四年から試験を始めた、音響給餌方式による資源管理漁業。魚の生活史の一部を音と餌で人為的にコントロールしながら、資源の増大を図る。現在は事業運用が行われている。

＊**英語の論文**　"Forms of Creativity in Japanese Technology", *Research Paper* (Series A-52), Institute of International Relations, Sophia University, 1988.

第8場

内なる自然の破壊

「内なる自然」の三つの意味——身体・心・時間

——鶴見さんは、「人間が自然の一部であること。そして、自然破壊とは外部の自然を壊すことだけではなく人間自身の内なる自然の破壊でもあるということに気づいたところから内発的発展論がはじまった」と書かれています。それに対して中村さんは、『内なる自然』という言葉で表現されるべきものは、単に人間自身が他の生きものと同じ物質でできているので、自然の破壊は自らの破壊にもつながるというところに止まらない」と書かれていますね。

鶴見 私が考えている以上に、もっと深くその問題をだしてくださったの、DNAとかゲノムという視点を使うことで。つまり大腸菌から人間まで生命の歴史はずっとつながっているんだ。それで私がそれを見て「我がうちの埋蔵資源発掘し……*」といったら、石油や化石みたいで嫌だ

* **我がうちの埋蔵資源発掘し……** 「我がうちの埋蔵資源発掘し新しき象《かたち》創りてゆかむ」(『花道』六四頁)のこと。ここでのやりとりは、一九九九年四月三〇日のシンポジウム「生命のリズム」における中村桂子の以下の発言を指す。「さっき埋蔵資源とおっしゃるのを伺った時には、何か石油みたいで、ちょっと抵抗がありましたが、恐らく内に秘めたものという意味だと思います。」

とおっしゃって……。そのことをいってるのよ、埋蔵資源はね。

中村　聞いて下さっている方に印象づけたいと思ってわざと申し上げました。

鶴見　大腸菌か粘菌か何かわからないけれど、一番はじめに生きものが単細胞でできた、そこからずっと現在へつながっている。その歴史は三十五億年と書いてあるものもあるし、四十億年と書いてあるものもあるけれど、それくらいの歴史を背負って、私がここへでてきた。そのなかに系統発生と個体発生*がある。そういうことを、つまり内発的発展を深めてくださったの。

それからもう一つ、私、中村桂子さんの『自己創出する生命』を読んで考えたことは、一人一人の個体が生まれてくるということは、他にはないたった一つのものだということ。たった一つのゲノムが可能性を展開して、生きていく。そして死んでいくということは、そのたった一つのものを破壊しちゃうんだから、これは大変なものよ。たとえその人に子孫があって、ゲノムを引き渡しても、たった一つのこの人のゲノムは、もうでてこないでしょう。その次に生まれてくるものは、また違う精子か卵子か、男か女かによって結びついて、新しいゲノムになる。そうするとこの個体が死ぬことによって、ほんとにかけがえのない唯一の個というものはなくなるでしょう。

それでは社会の場合はどうなるのか。文化史とか思想史、社会史のなかでは、「獲得形質」として得たものを残しておく。つまり、人間や生物にとってのゲノムは社会学では言葉ではないかとおっしゃったけれど、言葉という手段によって、唯一のかけがえのない自分のシナリオを生きてきた筋道を、すべてじゃないけれど、残しておくことができる。一番大事だと思うことをそうやって残しておくことができるけれど、生物としては、たった一つのかけがえのない個体は、死んだら部分的には受け継がれても、そのもの自体としては受け継がれない。社会というものを考えたときと、生物というものを考えたときは、そこが違うんじゃないかなと思うの。

中村 生命の大切さを強調するあまり、人間を生きものとしてだけ見るのは危険で、人間独自の文化をきちんと考えていくことは大事だと思っています。このごろは環境破壊については意識が高まってきて、外の自然、木がなくなったり、大気が汚れたり、水が汚れたりということに関しては、その問題点はわかっている方が多くなってきたと思います。けれども「内なる自然」の破壊については、まだみんなあまり気づいてないと思うのです。

内なる自然にもいくつか意味があります。さっきおっしゃいましたけれど、内なる自然の一つは、生物学的にはっきりしていて、カエルもハチも、私も、同じ物質でできているわけですから、物質的に外の自然が壊れるようなことが起きれば人間も壊れるということです。まず農薬などの問題で、病気になるとか、時には死んでしまうということが起きる。そういう物質的な意味の破

***系統発生と個体発生**　本書一三四頁参照。

●かけがえのないたった一つの個としてのゲノム

現代生物学は、DNAや遺伝子に着目すると個体は失われてもDNAとしては続いていき、遺伝子としても存続するということを示し、新しい視点を提出した。一度ハプロイドの中に入ったDNAは次のディプロイドの中に自らを入れこむのだから。全生物におけるDNAの共通性と、DNA（遺伝子）としては絶えることなく続いていくではないかというところから、個体の存在意義は薄らいでいく。ドーキンスの「生物はDNAの乗りもの」という見方がすんなりと受け入れられた背景には分子生物学によるこのような考え方があったと言える。ところが、ゲノムに注目しよう。ハプロイド二つからディプロイドが生じた時にでき上ったゲノムは、生命の歴史の中でたった一回の組合せから生れた独自のものである。こうして、性と死と共に、生命系としてできるだけ多様な組合せを試み、古今東西、これぞ唯一回という試みを次々と繰り返すことになったのである。

確かに、DNAとしては、遺伝子としては続いていく。しかし、ゲノムと細胞の組合せで創出された個体は、これまでにない初めての試みをし、未来への新しい可能性を試している存在として捉えなければならない。"個"または自己の登場である。私も、最近までは、DNAとして見れば続いていくのだという視点をとっていた。こう見ると、とても大らかな気分になり、生や死にまつわりつくドロドロが消えていくので気持がよい。しかし今、改めてゲノムに着目するとゲノムとしては、一つ一つの個体が唯一回の存在であることがはっきりしてきた。DNAとして続いていく大きな流れの中にありながら、やはり個は個なのだと思った時、大らかさと厳粛さの混り合った新しい気持が生れた。分子生物学は、生物はDNAの乗りものという時期を通過して、それを踏まえてもう一度個を浮び上らせていることを、ここではっきり示しておきたい。

（中村桂子）

（中村桂子『自己創出する生命』一五五～一五六頁）

壊。その次が、環境ホルモン*がその例ですが、生殖機能に異常が起きて、自分自身自体にはそれほどの問題はないけれど、次の世代が生れないというようなことで、下手をすると絶えるかもしれません。もちろん、現状で絶えるというところまでは行っていませんが、原理的に未来を絶やすという意味での破壊があり得ます。もう一つは、家族が壊れ、地域が壊れ、共同体が壊れるという、心の問題です。内なる自然というときには、人間の場合は、心があって、その心まで壊れた。私は心は先ほどの魂と同じように一つの関係だと思っているので、関係がばらばらになったということがある。それからもう一つは、時間ですね。

鶴見 時間ということに気がつかなかったの。時間も壊れる。

中村 私がここにいて、そしてまたつなげていく、ずっと長いあいだ背負ってきたものをまたつなげていくという、その時間を断ち切ってしまうわけですから、そういう意味での時間というものを壊してしまうという意味もあると思うのです。

＊**環境ホルモン**　正式には内分泌攪乱物質 (endocrine disrupter)。自然のホルモンの生成や分泌、結合、輸送、作用あるいは消滅の過程に介入する外因性物質。微量でも生物の内分泌作用を変化させ、健康に悪影響を及ぼす。ダイオキシン、ＰＣＢなどの有機塩素系化合物、農薬、金属など、一〇〇以上の物質に環境ホルモン作用の疑いがもたれている。

一番気がついてない方は、外の自然のことだけおっしゃる。内の自然に少し気がついていても、物質的な意味で壊れるということで終る。鶴見さんは水俣で実際にお話をお聞きになったからこそ家族が壊れたということに気づかれたわけでしょう。

水俣の問題が、心を壊したというのは、実際の話をお聞きになったから強くお感じになったんだろうと思います。

鶴見 ところが時間という軸は、私、考えてなかった。

中村 生命誌は、生きものは時間が作ると思っていますので、生きものを壊すことは、それが生まれてくるまでの長い時間を奪うということになると思うのです。それは人間、社会についても同じで、地域ができ上がるまでの長い積み重ねの時間を奪ってしまったわけでしょう。現代文明は時間に対しては厳しいですよね。とにかく効率を求めますから時間は無視。環境問題で、人間にとってもっと深刻に考えなければいけないのは、内なる自然の破壊の問題だと思うんです。外のことは、科学的対処ができるけれど、内なる自然の破壊は、まさに価値観を変えないとなおせない。ここでアニミズムが生きますね。

南方曼陀羅――「何ものも排除せず」

鶴見 ところが、さっきあなたがおっしゃった、「矛盾」の話と同じことが言えるの。水俣病になったために内なる自然が破壊されて、家族がばらばらになる。つまり利害関係で家族が分断される。私は補償金をもらいましたが、それなのにこの人はもらえませんというと、夫婦が別れ、親子が別れて、単身家族が非常に多くなった。これは統計的に見て、はじめてわかったの。どうしてここは漁村なのに、都会よりも単身家族が多いのか、ということを考えてみたら、心の、関係の破壊のせいなのよ。

ところがそこで矛盾の構造が働く。自分の子供が三人いるのに、一人だけが胎児性水俣病患者になった。それで家族が普通は分断されるの。ところが、この子は私の家の「宝子《たからご》」ですという人に出会ったの。この子をみんなで世話をする、この子をいたわる、そのお蔭で家族がみんな一つにまとまった。そういう家族をいくつか見たの。だから全体として、統計的にいえば分断される方が多い。ところがかえってそのために一致するというところがあるの。だからこれも、さっきおっしゃったような、一方があれば必ずもう一方があるということなの。だから一概に言えない。そして家族の絆が非常に強くなったところは、その子を神様のようにあつかっているの。だからそれも一概に言えないので、ここにも矛盾があって面白いということなの。

中村 そういう見方は昔からあったんじゃありませんか。アニミズム的な世界ではそれが普通で、分断するのは現代の価値観ですね。

鶴見 そうよ。家族の一人が気狂いになったために一致する。ばらばらになる人が多いけれど、一致する家族もある。

中村 そういう人を大事にしていくという風習が洋の東西を問わずありましたね。

鶴見 たとえば身体障害者に生まれた場合、両面の価値があるのよ。だから矛盾の構造が生物のなかにあるという発見はとても面白い。それが変化のダイナミズムなの。で、社会学でもやっぱりそういう形で矛盾の構造があるのよ。それが社会変化のダイナミズムになるのよ。

中村 だからそういうものを認めていかないと。矛盾を解消しようとすると、かえってマイナスが大きくなる。

鶴見 矛盾を矛盾としてみて、それをどういう変化のきっかけとしてつかむかということね。それをどういう方向にもっていきたいかというのが、価値が入ってくるということ。

中村 それはまた曼陀羅に戻りますね。

鶴見 それが曼陀羅なの。つまり曼陀羅というのは、はじめ仏教ができた時に、真言密教でいえば大日如来がでてきた時に、それまでいろんな神々――菩薩とか、石仏とか、いろんなおどろおどろしいものが、インドだからいっぱいあったでしょう。インドでは、菩薩はここ、如来はここといって、おどろおどろしいものをみんな位置づけしたから、曼陀羅ができたの。キリスト教はそれを排除したの。ギリシャ・ローマの神々を全部排除して、一神教にしたの。だから曼陀羅の「排除せず」という思想が私は面白いと思う。矛盾対立するものを同じシステムのなかに統一的に把握する。

中村 それがすごいですよね。しかも生きものの生き方としてはその方が合っていると思うのです。

鶴見 その思想というのは、ほんとにこれから千年の未来の思想として、排除の論理ではなくて、なかに取りこんでいく方法がないかというのが曼陀羅論なの。

中村 そうですね。ばらばらに置いておいたのでは、ただ多様なだけだけれど、それを関係づけた……。

鶴見 ところがほんとに関係づけたのは、私は南方曼陀羅だと思うの。というのは、あの配置図なのよ、どれを見ても。これをまん中に置けば、これはここにいる。いろんな曼陀羅があって、こっちにあるものをまん中にすると、また違う配置図になる。いろんな曼陀羅があるけれど、それはすべて配置図なの。ところが南方熊楠はそれを円と曲線と直線でぐるぐる巻きにしちゃったの。そしてこれらの線の最も多く出会うところを「萃点《すいてん》」ということばをつくってつなぎあわせた。点を全部つなげちゃったの。それであれがダイナミックなプロセスモデル（変動の過程を示すモデル）になったの。だから変動論に使えるんじゃないかというのが、私のいまの考えです。

中村 おっしゃること、よくわかります。私、曼陀羅のことはよく知りませんけれど、熊楠の場合は、最初に配置をした時すでに関係を考えていたのではありませんか。

鶴見 もちろんそうよ。関係の構造を頭に描かなければ配置図はできない。

中村 そうですよね。それからもう一つ面白いのは、絶対にこれがまん中にいるというものが決まっているのではなくて……。

鶴見 じゃないの。いろんなのをまん中にもってくることができる。違うものをもってくることができる。それが萃点移動なのよ。

中村 さまざまにありうるというところがまた面白い。

鶴見 それが面白いの。それを今度はつなげちゃったのがもっと面白いの。

中村 南方曼陀羅にグルグル線があるのが面白いとおっしゃる意味はわかるのですが、ただ私は、曼陀羅そのものもそこに仏様を置いた人の頭のなかには線があったんじゃないかという気がして。

鶴見 それはあったでしょうね。線があったらきたならしい絵になっちゃうからね。私そう思う。だから南方が線を書いたのは、伏線としてあったものを顕在させたのよ。

中村 そうですね。熊楠だからこそ、ああいう線を顕在させて書いたのであって、それまでは書かないで……。

鶴見 顕在化する媒介となったのは、十九世紀の西欧科学、ニュートン力学なのよ。その因果律というものが南方の頭にあったから、関係づけができたのよ。

第9場

四十億年の私の「生命」

——人間と自然と人工が共に生き合う——

生命を基本に考える

鶴見 中村さんは『自己創出する生命』の最後に、これから先の千年について非常に重要な問題を出していらっしゃいます。これからの千年は、生命を「スーパーコンセプト」として考える時代になると。つまりなればよいということでしょう。

中村 願いです。

鶴見 そういうふうにおっしゃっている。これは私もほんとに賛成ですけれど、そこをもう一度教えていただくために、『自己創出する生命』三六頁の表（本書五八頁参照）、そこからこの対談をはじめたわけですけれど、もう一度、そこに帰りましょう。

そうすると、一番先に、古代は神話の時代とでてるのね。神話の時代は、人間が自然のなかに包みこまれて生きていた時代。そしてその時の人間の信仰、信念というものは、アニミズム。アニミズムというのを中村さんは、人と自然のあいだに互酬性、つまりやりとりが平等であり、自然に何か与えたら、それだけのものを自然が人間に返してくれる、そういう相互のお互いに報いが報われるという関係であるということ。その次は、自然に対してかぎりない親しみをおぼえると同時に、自然をかぎりなく恐れている。そういう感じをもっているということ。それから三番目に、生と死が交流していると、そういうふうに三つにまとめていらっしゃる。

私はアニミズムを――人間が魂をもっているのと同じように、生きているものも生きてないものも、宇宙のなかの森羅万象が魂をもっている。石ころも魂をもっている。そして人間は、相手が魂をもっているものとして、そうしたあらゆる事物に対して対処する、つきあいをしていく。それからもう一つは循環。血が体内に循環しているように、循環するという思考。春夏秋冬が移り変わるのを見て、循環を考えている――そういうふうにまとめたんですけれども。そういう時代から、人間が地上に現れて何年？

中村 ヒトと呼ばれてからは五百万年ですけれど、現代の私たちの祖先だと二十万年。

鶴見 二十万年の時を経て、そしてこれからの千年ということを考えたときに、生命をスーパーコンセプトとして考えるということはどういうことかというと、「新しい神話の時代」になると、この表のなかで中村さんは書いていらっしゃる。新しい神話の時代と古代の神話の時代とはどういうふうに違うかというと、昔は人が自然とともに生きていた時代だけれども、これからの新しい時代には、それに加えて人工、つまり技術的につくられたものが入ってきて、人工のものと人と自然がいっしょに生きていかねばならない時代になったと。そのときに昔あったアニミズムのような考え方が、ふたたび蘇ってくることが、もしかしたらよいことではないか、そういう考えだと思うの。

だけれど人工のものが入ってくるということは、とてもむずかしいのよ。いまは技術が人間を破壊する。たとえば核兵器というものがでてきている。そうすると、人工というのは人間を殺すものだと考えられる。さまざまな公害もあるし、戦争の兵器もあるし、いろんな人工の悪いものがでてきている。人間がそれと共生する時代に、生命を基盤において考えることは、とてもむずかしいと思うんですけれども、どうしたらいいんでしょう。

中村 おっしゃる通り、とてもとても難しいと思う一方で、最初の神話の時代、アニミズムの時代の感性を呼び戻せば、そもそも人間は生きものなのだからうまくできるのではないかという気持もあります。ヒトが生まれたのが五百万年前といいましたけれども、生命、生きているものが生まれてからはもう四十億年近くたっているんです。で、私たちの人工でいまのようなものをつくってから数千年、文明をもってからまだ数千年ですから……。

鶴見 そう、短いんですよね、考えてみたら。

中村 私はこれから生命を基本にして考えていきたいと思っていますけれども、じつはそれは大昔からあったことなのです。

鶴見 その方が長いのよね。

中村 だから生命を基本にという考え方を新しく持ちこむというのではなくて、長い時間そうだったということをもう一回思い出して、そのことを考えようということなんです。

鶴見 なるほど、ほんとにそうだ。

●［人工・人・自然］という新しい系

このような先祖返りだけで終れば、人間の知の旅物語は一まわりして元に戻ったとしてまとまるのだが、表にも示したように、現代をそれで終らせるわけにはいかない。そこに［人工・人・自然］と記したように、科学は世界認識としての役目だけでなく、科学技術という鬼子を産む役割も果したからである。むしろ、一般社会への影響は、科学そのものよりも科学技術を通しての方が大きいとさえ言える。これまでも科学的理解に対置するものとして日常とか日常生活という言葉を使ってきたが、実はその日常が科学技術によって、大きく変化しているのである。文明社会の、とくに都会に住む者にとっての日常は、科学技術によって作られたものの中で営まれており、自然と接することなど滅多にない。［人・自然］ではまったく日常を語れないのだ。そこで新しい時代の基本理念を「生命」とするなら、それは、［人・自然］だけでなく、［人工・人・自然］を包みこむものでなければならない。古代の生命とはそこが大きく違っている。私が科学的理解を離れて別の道を探すのではなく科学にこだわった理由はここにもある。科学技術の世界をも包含するためには、それをいつまでも鬼子にしておくのではなく、人・自然の側から見て由緒正しいものにする必要がある。日常という点からみれば、これが最も大事なこととさえ言える。産みの親である科学から離れて子供の問題を考えることはできないだろう。事実、自己創出系という見方は、科学技術にもさまざまな新しい可能性をもたらし、人工・人・自然を一体化するような技術体系を作る方向づけをすると思う。最近は、工学の世界でも、マイクロエレクトロニクスの進歩により、自己組織化、人工知能化などが起きており、更には自己修復能を持つ機械、リサイクルしやすい製品なども考えられている。これらはまさに、生命系の持つ性質である。

ここで、［人工・人・自然］という新しい系を考えていくための一つの視点を出しておきたいと思う。

文態系という概念である。これは中国生れのアーティスト蔡國強が、私との会話の中で産み出したものだ。私たちは今、自然を生態系として理解している。生態系では、その構成員が相互に関連を持ち、長い歴史を描いてきた。それと同じように人工物も、全体で文態系というシステムを作りあげるものになっているようにすべきだというのがその考え方である。蔡のいう文態系の背後には、中国の風水という概念がある。今中国では、都市計画に際して、古くから存在しながら文化大革命などにより一時完全に捨てられてしまった風水の思想を取り入れているという。中国だけに限らない。あらゆる土地で、そこの風土に合った暮らしが考えられてきたはずである。それらを生かしながら科学技術を使いこなしていくことによって文態系が作りあげられるだろう。文態系は、生態系に学びながらそれを超えていくものである。現時点では、生態系は地球の上に限られている（月までは一時広がったが）が、文態系は今や太陽系の外へと飛び続けているボイジャーの位置まで広がっている（「自然‐客体」、「人間‐主体」の相互干渉の中で生まれてくる世界を、K・ポパーは「第三世界」と呼んでいるが、文態系という概念はこの「第三世界」とも重なるかもしれない）。

人工物の世界を文態系と位置づけることによって、物質と生命の乖離を避ける方向への科学技術の利用を考えていくこともできそうである。私はここでナイーブな楽天論を述べるつもりはない。しかし、人間がこれまで積み重ねてきた知を駆使して、「生命」という魅力的な系の中に隠された物語を読みとくことによって、次の方向が見えてくることは確かだという手応えは感じている。「生命」を基本理念にすることによって、知の世界と日常とが結びついた社会ができるのではないかという期待を持ちながら仕事をして行きたいと思う。そしてその成果を物語として綴っていきたいと思う。

（中村桂子）

（中村桂子『自己創出する生命』二一二〜二一四頁）

「暴力のより少ない技術」と「人工」

中村 最初は人と自然が一体化していましたね。人工のものをつくった時に人を自然から離した。

鶴見 引き離したの。そして引き離すことがよいことだという価値が生まれたの。

中村 人を自然から引き離して、人と自然のあいだに人工を入れる。たとえば寒いといったら、それを避けるために暖房をし、暑かったら冷房する。自然は、花がきれいだというような親しみもありますけれど、とても怖いものでもありますね。ですから、あいだに人工を入れると、楽なわけです。だからあいだに人工を入れて、人と自然をどんどん引き離してきたわけです。引き離すために人工をつくったから、水俣で起きたようなことがたくさん起きた。人工を否定しないで破壊をなくすには、人と自然をつなげなければいけないんです。けれども、人工を捨てるかというと、これから先もけっして人工を捨てられない。

鶴見 できない。だって、いま私、車椅子がなかったらぼけ老人だもの。これだって技術なの。

中村 ですから、これからの関係というのは、人を自然のなかにいっしょにしながら、人は人工という世界もこちら側でつくるという、この三つを分けないで、人と自然が昔一体化していたのと同じように、人と自然と人工を一体化するような人工をつくっていくことはできないだろうかということです。ではこの人工はどうやってつくるかといったら、私は、参考にするのは自然だと思います。だから自然がどういうふうにあるかということを徹底的に見て、私の場合はそのなかにいる、とくに生きものに興味をもって、生きものがどうやって生きているかということを見て、それをうまく取り入れて人工をつくっていこうと考えます。

そのときに、自然を取り入れるというときにも、人間が生きていることが基本だし、人工と自然を合わせるときに、つなげる材料は生命。これで、自然界と人間と人工の世界をつなげていったらいいのではないかと。そのときに、アニミズムという考え方で、人工のものにも魂があると考えて共通性をもつ価値観を持ちこむのも一つです。もう一つは、これはいま私のやっている仕事ですけれども、自然界を分析して、生命のもつメカニズムを解き、そのメカニズムと人工の方のメカニズムとをうまく合致させるということもあると思います。アニミズムと科学技術とはとんでもなく遠いもののようだけれども、生命をまん中に置くと、自然を自分の仲間として見ていくという価値観と、生物を徹底的にメカニズムとして解明して、それを科学技術に生かしていくということとは、生命の意味を自分のなかにもっていさえすれば、つなげられるのではないかというのが、私の願望です。社会には経済や政治がありその価値観をこのようにできるかと言われると、なかなかむずかしい問題はあると思うのですが、方向はそちらではないかと思っています。

鶴見 そうだと思う。それで、科学技術というものを、生命という基盤のうえで考える。いまおっしゃったような生命を大切にする、ということ。普通の言葉でいえば、命を大切にする。

中村 当たり前のことなんですけれど。

鶴見 当たり前のことなのに、いまは全然わかってないの。そしていま、宇宙に生きものが現れてから四十億年とおっしゃった。その四十億年を一人一人が背負っている。その命を大事にしようと。もうほんとは四十億歳なのよ、一人一人が。これから千年といったら、四十億一千歳になるの。一人一人が違う形で、ユニークな形でそれを背負っている。それを大事にするということね。それを大事にするということは、それを破壊しないような技術、人工のものをこれからつくっていく。つまり私の言葉でいえば、暴力のより少ない技術をつくっていくことによって、人間と自然と人工とがともに生き合える、そういうことになるわけですね。

自然のなかのさまざまな時間を感じながら

中村 そうですね。暴力のより少ない技術というのは、とてもよい言葉で、私の考えていることと同じです。いまの世の中は効率第一、時間も時計の示している時間だけですよね。だから何時何分に会いましょうとか、五分でやりましょうとか。それはきめないと世の中動きませんから、この時間ももちろん大切ですし、速くやる必要のあることもあるんですけれど、一本の木が立っていたときに、この木がここまでになるのに何年かかっただろうと思うと、百年だったり五百年だったりするわけですね。そのことを感じないと、ここに家をつくろうと思うと、ぱっと伐ってしまうわけでしょう。私の家の近くでも、昨日まですてきな雑木林だと思っていたところが、今日歩いてみたら、一本も樹が残っていない平らな宅地になっているということがしばしば起きています。しかも、その土地を買った人はまた小さな苗を植えるのです。伐らずにそのまま売れば買った人は一本一本を大事に考えて家を建てるでしょう。この木は何十年立ってるかと思うと、これを生かしてつくる方法はないだろうかと考えると思うんです。しかもそれを生かして建てた方が質の高い生活環境になる。実は、百年、二百年という時間は、身の回りにたくさんあるのに気づかないのです。

鶴見 木で造られた家は、木が伐られてもまだ家の形で生きてるのね。

中村 そういうふうに考えると、長い時間が身近になるはずです。私が生きものは四十億年も続いているんですよというと、そんな時間考えられませんと言われてしまうんですけれど……。

鶴見 だけどあなたの体のなかに入っているんですよということね。

中村 そうです。だから身近な木の時間とか、どうして私はここにいるんだろうと思ったときに、両親がいて、そのまた両親がいてと思うと、すぐに千年や二千年は戻っていけますよね。そうやって、いろいろな時間を自分の気持ちのなかにもつと、単に大急ぎでやったり、じゃまだから切ってしまおうみたいにはならないでしょう。しかも技術は否定しないで生きていくという選択はできると思うのです。ですから私はみんなが時計の時間だけでなく、自然のなかに入っているさまざまな時間を感じて暮らして欲しい。それはおっしゃったように、自分のなかに入っている時間でもあるわけですから、そういう複数の時間を、日常のなかでも感じ取るというのが、命を大切にするということの一つの具体的な方法ではないかと思っています。

鶴見 どうもありがとう。まだまだ教えていただきたいことがたくさんあるけれど、ありがとうございました。

中村 こちらこそ。

〈対談を終えて〉
鬼子が本家へと育つことを願って

鶴見和子さんとお眼にかかるのは、本当に楽しみです。学問的にも年齢的にもはるかなる先輩で、畏れを抱かなければいけない立場であることは重々わかっていながら、ワクワクしてお伺いすることになります。

今回も、リハビリに努められて回復なさっているとはいえ、ご病気後のお体が気にならなくはなかったのですが、お話ができるという嬉しさで宇治にあるお宅へ二日続けてお邪魔しました。とくに今回は、ＮＨＫテレビの収録も重なって長時間になりましたが、いつもの張りのあるお声は最後まで衰えず、学問への情熱がお部屋中に満ちている感じでした。一緒の場にいるだけで、私までシャンとしてくるからふしぎです。

社会学と生物学と言ってしまえば、ほとんど接点は感じられませんし、誤解を恐れず言うなら私は社会学という学問にそれほどの関心はありません（これは決して社会学が面白くないとか無意味だなどということではありません。私個人の好みだけのことです）。けれども、鶴見さんには惹かれます。関心大ありです。まずは鶴見和子という人に。そして内発的発展論、南方熊楠、アニミズム、曼荼羅と続いていく考え方は、少し生意気な言い方を許していただくなら私と同じものを求めていると感じるのです。

対談の中で鶴見さんはしばしば「鬼子」という言葉をお使いになりました。話している時は、鬼という音のきつさにちょっとたじろぎましたが、まさに今必要なのは鬼子を産むことだと改めて思っています。科学と科学技術への信仰は、七〇年代以降ゆらいでいるように見えながら、生命に関する部分では、今まさに科学技術万能主義が幅をきかしています。遺伝子研究による創薬、再生医療、さまざまな生殖技術が次の時代の産業、経済を支えるということになり、今やこれに疑問をはさむことは許されない雰囲気です。生命は完全に技術、産業、経済とセットになっている。これは二十世紀型の思考の延長上でしかありません。

生命を中心に持ってくるのだとしたら、科学と科学技術そのものを問い直さなければならないのに……対談でも強調しているように科学を否定してしまっては元も子もありません。そこから逃げ出さず、それをよく見つめ二十一世紀を支える鬼子を産み出そう。この子が次の子供を産み、本家にも、そこへ向けて少しずつ方法が見えてきていると思います。社会学からも生物学からなるように育てて行きたい。内発的発展論と生命誌をいつまでも鬼子にしていてはいけないと、私にしては珍しく姿勢を正しています。

今回の対談は、私が鶴見さんの内発的発展論を深めるために生命誌を活用していただきたいとお願いしたところから、生物学を勉強しようというお気持で始まったものです。年齢とか分野とかにこだわらず、必要とあれば勉強しようとなさるところが、鶴見さんの鶴見さんたる所以、ありがたくお受けしました。

地域は自然生態系とその中の人間とが作るものですから、地域の内発性を考えるなら、その土地の文化だけでなく自然、とくに生きもののありようを見ることになるのは当然で、その辺はよくわかっていただけたと思います。また技術のあり方も、自然や生きものに眼を向けることで暴力のより少ないものへと向う可能性を探れると思います。両者がよしとする価値が同じというところが重要であり、学問として組み立てていくと同時に日常生活のありようを変えていく活動としても考えていかなければならないと思っています。

ところで生命誌は、ＤＮＡ研究を基礎におく生命科学が、生物を遺伝子に還元できる機械として捉え、実験室の中での現象だけを見ていることに疑問を持ち、研究を「自然を知る」という方向へ向けてきました。最近、ＤＮＡ研究の中からも自然を意識するものは増えてきており、流れはできてきたように思います。

そこで今、どうしても考えなければならなくなっているのが「人間」です。生命科学が科学技術につながるところとして今最も注目されているのは医療であり、その対象は人間です。ただしこの場合関心を持たれるのは病気でありそれに関する遺伝子や臓器になるので、ここでも人間は機械として見られることになります。遺伝子も臓器も交換部品。この方向で技術がどんどん進むことが果して好ましいかどうか。考えてみる必要があるところにきています。

これまでは、他の生物とつながっている仲間としてのヒトまでしか考えてきませんでしたから、それを文化を持ち社会生活を営む人間へとつなげていくのはとても難しい作業です。人間を考えるには、ヒトという生物のもつ特徴のどこに注目すればよいのだろうと考えています。技術、社会、文化などいろいろ浮びますが、やはり最も重要なのは「言語」ではないか。そう思っています。技術、社会、文化を考える時、そのプリミティブな形は他の生物にもあり、それを極度に高度化したのが人間の特徴だとすれば、それを支えているのは言葉ではないかと思うからです。

地域の問題を考える時、各地の自然破壊も大きな問題ですが、言語も消えています。それもやはり、近代文明へと向って一様に進歩していくのがよいという価値観の中で起きたことではないでしょうか。次々と問いを立てて申し訳ないのですが、今回の対談で見えてきたことの先には、このような問題があると思っています。またいつかお話合いができるのを楽しみにしています。

二〇〇二年四月

春が異常に早くやってきた今年、宇治のウグイスは
歌の練習ができたかしらと心配しながら

中村桂子

あとがき

中村桂子さんとの対談は、中村さんに『鶴見和子曼荼羅Ⅵ　魂の巻』の「解説」を書いていただいた時以来の念願であった。現代の先端をゆく学問である生命科学について全くの無知であるわたしに対する、それは衝撃的な警告であると同時に、これを勉強すればわたしの内発的発展論をもう少しらくに展開できるであろうというご指摘があったからである。

中村さんのご著書をよみ、この対談をとおして感じ、考えたことを三つの点にしぼって書きとめておきたい。

第一に、生命科学について、生物学の知識のない私が理解しえたわけではない。しかし、このような新しい学問を全く知らないで死んでしまったら、死後のわたしは、自分をなんと愚かな人間とあざ笑ったことであろう。これ以後の『対話まんだら』で、多田富雄さんとの「往復書簡」が企画されているが、多田さんのご著書をよむにつれて、この感じは一層強まった。

第二は、対談の過程で、中村さんの恩師である江上不二夫教授が一九七〇年代に提唱された生命科学の中から、中村桂子さんが生命誌という新しい方法論を「自己創出」される過程と、まことにおこがましいことだが、わたくしが、わたしの指導教授であったマリオン・リーヴィ教授の近代化論と格闘しながら内発的発展論に辿りつくまでの道すじに共通したものがあるという発見である。

そして第三は、中村さんは生物学、わたくしは社会学、という異なる領域から学ぶということはどういうことか、を明確にしなければならない。生物学の知見を、そのまま社会学にもちこむ、すなわち、生物学の新しい知見を、社会現象の説明仮説として、そのまま援用すれば、それは還元主義のそしりを招く。これはデュルケームが強く戒めたところであり、リーヴィ教授が厳しく諌めたことである。他の領域の知見をそのまま社会現象の説明仮説として使うのではなくて、自然科学の分野で新しく展開された科学方法論を社会科学の一領域である社会学に導入するということは、これまでもなされてきたし、将来にむかっても有効である。必然法則としての因果律の発見を金科玉条としてきたニュートン力学に基礎をおく十九世紀の西欧科学に対して、一九三〇年代から展開した相対性理論および量子力学は、偶然性と必然性との関係、および観察者と対象との関係について、重大な変更を挑んでいる。それは物理学の分野だけでなく、生物学にも顕著にあらわれていることが、中村さんとの対談の中で、また、多田富雄さんのご著書をよむにつれて、ますますはっきりしてきた。そしてそのことは、論理学の問題にまで遡って考えなければならない。こうした問題について、今後の『対話まんだら』の中で、追究してゆきたいと考える。中村桂子さんとの対談は、こうした大きな問題への突破口となった。

ここでは第二の点についての私の感想を述べたい。

生物学の中から、江上不二夫教授が生命科学を提唱されたきっかけは、一九六〇年代に特に顕著にあらわれた水俣病の公害問題であったということは、わたしが社会学の近代化論を学んで、近代化論の手法で水俣病問題を解明しようとしても、できないという悩みから内発的発展論を考えるようになったことと、照準があっていることにおどろいた。さらに中村桂子さんが生命誌という新しい領域を開拓するために参考にされたのが、南方熊楠の仕事であったということが、わたしにとって驚きであるとともに熊楠に対して、これまで気がつかないでいた面を照らし出していただいた。

中村さんは、生物学の先端であった生命科学の中からさらに、生命誌へと脱皮をとげられた。わたくしはそれとは比べものにならないささやかな脱出ではあるが、近代化論から内発的発展論へと抜け出した。大小の差は大きいが、いずれもパラダイム転換へのこころみである。

このことについて、中村さんは、わたしたちが「女であり、日本人である」ということと関係があるのではないか、といわれる。

わたしは、「辺境から新しい風が吹く」という。これは南方熊楠についての感想なのだが。女は現在までのところ、学問の「辺境」である。男性の学者は、既存の学界の階層を登ってゆくことが期待されているし、また自らもそのような志をもっている。しかし、女は、そうしたことを期待もされないし、多くは、そのように望んでもいない。ということは、女のほうが、男よりもはみ出し自由なのである。女のほうが男よりも自分の知的好奇心にまかせて、とっぴなことをやり易い立場にあるといえるのかもしれない。日本人であるということも幾分かこれと似たところがある。

さいごに、中村桂子さんは、ゲノムという「切り口」を見つけたことによって、生物学が飛躍的に発展した。社会学はどのような切り口を見つけたらいいのか、と問われたとき、わたしはぐっとつまった。その切り口をわたしはまだ見つけていない。これはこれからの課題である。

中村桂子さん、お忙しいのに、宇治まで来ていただいて、一泊二日間つきあって、むずかしい問題をしろうとのわたしにもわかるように教えて下さって、ありがとうございました。ほんとうに愉しうございました。

これから生命誌のおしごとを、わたくしの内発的発展論にどのようにとりいれさせていただくか、限りある生命のつづく限り考えてゆきたいと思います。

二〇〇二年六月六日

鶴見和子

編集後記

二〇〇六年七月三十一日、十年以上の闘病生活を経て鶴見和子は他界した。『鶴見和子曼荼羅』（全九巻）を一九九九年一月に完成した後、鶴見さんから、「内発的発展の理論は、未完成です。この理論をいろんなジャンルの方々と語り合うことによってより深めてゆきたいと思います。私はもう学者として、現地に立つこともできないし、書物から学ぶこともできないから」といわれた。それでは、まずどなたからいきましょうかということになって、石牟礼道子、中村元となったが、中村さんはすでに他界された後。〝生命《いのち》〟の問題について、ぜひ中村桂子さんということになって、二〇〇一年五月九～十日に、宇治のゆうゆうの里で実現となったのが、本対談である。

二日間の時間をとってあったが、第一日目に、NHK－TVが是非取材・放映させてくれということもあり、一日目は、二人だけの突っ込んだ話にならず、閉口した。それで二日目は、TVは遠慮していただき、お二人の限られた時間の中で、思う存分〝生命〟をめぐっての対話となった。

この対話は、「鶴見和子・対話まんだら」の一冊として、二〇〇二年七月出版された。昨年、鶴見さんの命日に開かれる山百合忌の中で、中村さんに「内発的発展論と生命誌――鶴見和子と南方熊楠」のタイトルで講演していただいた。本書は、これを〈新版の序〉として附けてなったものである。

社会学者の鶴見さんが、生命誌の中村さんにどういう切り込み方をされるか、それを中村さんが、どう受けとめられどう返されるか、白熱した数時間が瞬く間に過ぎていった。生命誌と内発的発展、生命とは何か、という現代においても解ききれない普遍的な問題が、われわれの日常生活の中で、お二人の対話が少しでもお役に立つなら、編集者としても望外の幸せである。

二〇一三・一一・二八　（亮）

鶴見和子 Tsurumi Kazuko

一九一八年東京生まれ。上智大学名誉教授。専攻・比較社会学。六六年プリンストン大学社会学博士号を取得。六九年より上智大学外国語学部教授、同大学国際関係研究所員を務める（八二―八四年、同所長）。九五年南方熊楠賞受賞。九九年度朝日賞受賞。十五歳より佐佐木信綱門下で短歌を学び、花柳徳太郎のもとで踊りを習う（二十歳で花柳徳和子を名取り）。一九九五年十二月二十四日、自宅にて脳出血に倒れ、左片麻痺となる。二〇〇六年七月三十一日歿。

著書に『コレクション鶴見和子曼荼羅』（全九巻）、シリーズ『鶴見和子・対話まんだら』、『歌集 回生』『歌集 花道』『歌集 山姥』『遺言』（以上、藤原書店）など多数。

中村桂子

Nakamura Keiko

一九三六年東京生まれ。ＪＴ生命誌研究館館長。理学博士。東京大学大学院生物化学科を修了。国立予防衛生研究所、三菱化成生命科学研究所、早稲田大学人間科学部教授、大阪大学連携大学院教授、ＪＴ生命誌研究館副館長などを歴任後、現職に。

生命科学が生物を分子の機械と捉え、その構造と機能の解明に終始していることに疑問を持ち、人間を含むあらゆる生物を時間を紡ぐ存在と捉え、ゲノムの解読を基本に歴史と関係を読み解く「生命誌」という新しい知を創出。

著書に『「生きている」を考える』（ＮＴＴ出版）『ゲノムが語る生命』（集英社）『「生きもの」感覚で生きる』（講談社）『生命誌の世界』（ＮＨＫライブラリー）『科学技術時代の子どもたち』『生命科学者ノート』（岩波書店）『あなたのなかのＤＮＡ』（早川書房）『自己創出する生命』（ちくま学芸文庫）『生命科学から生命誌へ』（小学館）など多数。

写真提供・NHK

＊この対談は、二〇〇一年五月九日〜十日、京都ゆうゆうの里にて行われた
＊本書の初版は、二〇〇二年七月、藤原書店より〈鶴見和子・対話まんだら〉の一冊として刊行された
＊左頁端の注は編集部作成
＊中村桂子『自己創出する生命』は、二〇〇六年にちくま学芸文庫として出版されているが、本書における参照頁等は、すべて哲学書房版（一九九三年刊）による

（編集部）

〈新版〉四十億年《よんじゅうおくねん》の私《わたし》の「生命《いのち》」——生命誌《せいめいし》と内発的発展論《ないはつてきはってんろん》

2002年7月30日　初版第1刷発行©
2013年3月30日　新版第1刷発行

著　者　中村桂子
　　　　鶴見和子

発行者　藤原良雄

発行所　株式会社 藤原書店

〒162-0041　東京都新宿区早稲田鶴巻町523
電　話　03（5272）0301
FAX　03（5272）0450
振　替　00160-4-17013
info@fujiwara-shoten.co.jp

印刷・製本　中央精版印刷

落丁本・乱丁本はお取替えいたします
定価はカバーに表示してあります

Printed in Japan
ISBN978-4-89434-895-0

VI 魂《こころ》の巻——水俣・アニミズム・エコロジー　　解説・中村桂子
Minamata : An Approach to Animism and Ecology
四六上製　544 頁　**4800 円**（1998 年 2 月刊）◇978-4-89434-094-7
水俣の衝撃が導いたアニミズムの世界観が、地域・種・性・世代を越えた共生の道を開く。最先端科学とアニミズムが手を結ぶ、鶴見思想の核心。
月報　石牟礼道子　土本典昭　羽田澄子　清成忠男

VII 華の巻——わが生き相《すがた》　　解説・岡部伊都子
Autobiographical Sketches
四六上製　528 頁　**6800 円**（1998 年 11 月刊）◇978-4-89434-114-2
きもの、おどり、短歌などの「道楽」が、生の根源で「学問」と結びつき、人生の最終局面で驚くべき開花をみせる。
月報　西川潤　西山松之助　三輪公忠　高坂制立　林佳恵　C・F・ミュラー

VIII 歌の巻——「虹」から「回生」へ　　解説・佐佐木幸綱
Collected Poems
四六上製　408 頁　**4800 円**（1997 年 10 月刊）◇978-4-89434-082-4
脳出血で倒れた夜、歌が迸り出た——自然と人間、死者と生者の境界線上にたち、新たに思想的飛躍を遂げた著者の全てが凝縮された珠玉の短歌集。
月報　大岡信　谷川健一　永畑道子　上田敏

IX 環の巻——内発的発展論によるパラダイム転換　　解説・川勝平太
A Theory of Endogenous Development : Toward a Paradigm Change for the Future
四六上製　592 頁　**6800 円**（1999 年 1 月刊）◇978-4-89434-121-0
学問的到達点「内発的発展論」と、南方熊楠の画期的読解による「南方曼陀羅」論とが遂に結合、「パラダイム転換」を目指す著者の全体像を描く。
〔附〕年譜　全著作目録　総索引
月報　朱通華　平松守彦　石黒ひで　川田侃　綿貫礼子　鶴見俊輔

人間・鶴見和子の魅力に迫る

鶴見和子の世界

R・P・ドーア、石牟礼道子、河合隼雄、中村桂子、鶴見俊輔ほか

学問／道楽の壁を超え、国内はおろか国際的舞台でも出会う人すべてを魅了してきた鶴見和子の魅力とは何か。国内外の著名人六十三人がその謎を描き出す珠玉の鶴見和子論。〈主な執筆者〉**赤坂憲雄、宮田登、川勝平太、堤清二、大岡信、澤地久枝、道浦母都子ほか。**

四六上製函入　三六八頁　**三八〇〇円**
（一九九九年一〇月刊）◇978-4-89434-152-4

鶴見俊輔による初の姉和子論

鶴見和子を語る
（長女の社会学）

鶴見俊輔・金子兜太・佐佐木幸綱　黒田杏子編

社会学者として未来を見据え、〝道楽者〟としてきものやおどりを楽しみ、〝生活者〟としてすぐれたもてなしの術を愉しみ……そして斃れてからは「短歌」を支えに新たな地平を歩みえた鶴見和子は、稀有な人生のかたちを自らどのように切り拓いていったのか。

四六上製　二三二頁　**二二〇〇円**
（二〇〇八年七月刊）◇978-4-89434-643-7

珠玉の往復書簡集

邂逅（かいこう）

多田富雄＋鶴見和子

脳出血に倒れ、左片麻痺の身体で驚異の回生を遂げた社会学者と、半身の自由と声とを失いながら、脳梗塞からの生還を果たした免疫学者。病前、一度も相まみえることのなかった二人の巨人が、今、病を共にしつつ、新たな思想の地平へと踏み出す奇跡的な知の交歓の記録。

Ｂ６変上製　二三二頁　二二〇〇円

（二〇〇三年五月刊）

◇978-4-89434-340-5

人間にとって「おどり」とは何か

おどりは人生

鶴見和子＋西川千麗＋花柳寿々紫

［推薦］河合隼雄氏・渡辺保氏

日本舞踊の名取でもある社会学者・鶴見和子が、国際的舞踊家二人をゲストに語る、初の「おどり」論。舞踊の本質に迫る深い洞察、武原はん・井上八千代ら巨匠への敬愛に満ちた批評など、「おどり」への愛情とその魅力を語り尽す。

Ｂ５変上製　二二四頁　三二〇〇円　写真多数

（二〇〇三年九月刊）

◇978-4-89434-354-2

西川千麗、華麗な二つの才能

西川千麗写真集 SENREI BY TOBIICHI〔1996–2000〕

撮影＝広瀬飛一

寄稿＝瀬戸内寂聴・鶴見和子・河合隼雄・岸田今日子・龍村仁

「千麗の舞台は日舞という伝統芸術の中に、独自の哲学と美学を盛り込んだ新しい視野で題材を選び、自ら舞台の演出も手がけ、めざましい新局面を切り開いてきた。」（瀬戸内寂聴氏評）。

Ａ４変並製　九六頁　三〇〇〇円　２色刷

（二〇一〇年九月刊）

◇978-4-89434-758-8

着ることは、〝いのち〟を纏うことである

いのちを纏《まと》う〈色・織・きものの思想〉

志村ふくみ＋鶴見和子

長年〝きもの〟三昧を尽してきた社会学者と、植物染料のみを使って〝色〟の真髄を追究してきた人間国宝の染織家。植物のいのちの顕現《けんげん》としての〝色〟の思想と、魂の依代《よりしろ》としての〝きもの〟の思想とが火花を散らし、失われつつある日本のきもの文化を、最高の水準で未来に向けて拓く道を照らす。

四六上製　二五六頁　二八〇〇円　カラー口絵八頁

（二〇〇六年四月刊）

◇978-4-89434-509-6

〝文明間の対話〟を提唱した仕掛け人が語る

「対話」の文化
〈言語・宗教・文明〉

服部英二＋鶴見和子

ユネスコという国際機関の中枢で言語と宗教という最も高い壁に挑みながら、数多くの国際会議を仕掛け、文化の違い、学問分野を越えた対話を実践してきた第一人者・服部英二と、「内発的発展論」の鶴見和子が、南方熊楠の曼荼羅論を援用しながら、自然と人間、異文化同士の共生の思想を探る。

四六上製　二二四頁　**二四〇〇円**
（二〇〇六年二月刊）
◇978-4-89434-500-3

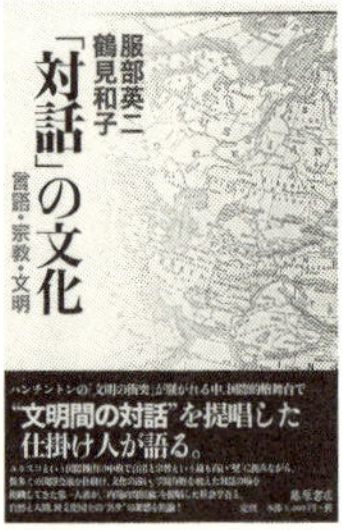

「人生の達人」と「障害の鉄人」、初めて出会う

米寿快談
〈俳句・短歌・いのち〉

金子兜太＋鶴見和子
編集協力＝黒田杏子

反骨を貫いてきた戦後俳句界の巨星、金子兜太。脳出血で斃れてのち、短歌で思想を切り拓いてきた鶴見和子。米寿を前に初めて出会った二人が、定型詩の世界に自由闊達に遊び、語らう中で、いつしか生きることの色艶がにじみだす、円熟の対話。

四六上製　二九六頁　**口絵八頁**　**二八〇〇円**
（二〇〇六年五月刊）
◇978-4-89434-514-0

詩学と科学の統合

「内発的発展」とは何か
〈新しい学問に向けて〉

川勝平太＋鶴見和子

「詩学のない学問はつまらない」（鶴見）「日本の学問は美学・詩学が総合されたものになる」（川勝）——社会学者・鶴見和子と、その「内発的発展論」の核心を看破した歴史学者・川勝平太との、最初で最後の渾身の対話。

B6変上製　二四〇頁　**二二〇〇円**
（二〇〇八年一一月刊）
◇978-4-89434-660-4

最後のメッセージ

遺　言
〈斃《たお》れてのち元《はじ》まる〉

鶴見和子

近代化論を乗り超えるべく提唱した〝内発的発展論〟。〝異なるものが異なるままに〟ともに生きるあり方を〝南方曼荼羅〟として読み解く——強者-弱者、中心-周縁、異物排除の現状と果敢に闘い、私たちがめざす社会の全く独自な未来像を描いた、稀有な思想家の最後のメッセージ。

四六上製　二二四頁　**二二〇〇円**
（二〇〇七年一月刊）
◇978-4-89434-556-0

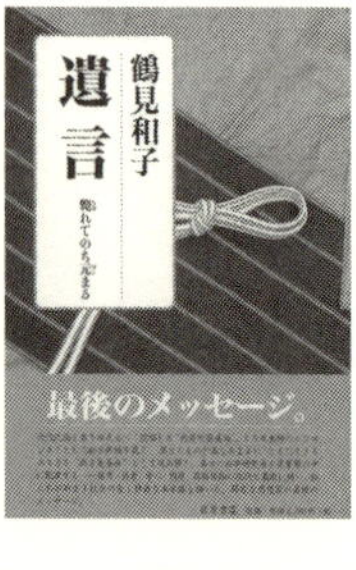

短歌が支えた生の軌跡

歌集 回生

鶴見和子

序＝佐佐木由幾

一九九五年一二月二四日、脳出血で斃れたその夜から、半世紀ぶりに迸り出た短歌一四五首。左半身麻痺を抱えた著者の「回生」の足跡を内面から克明に描き、リハビリテーション途上にある全ての人に力を与える短歌の数々を収め、生命とは、ことばとは何かを深く問いかける伝説の書。

菊変上製　一二〇頁　**二八〇〇円**

（二〇〇一年六月刊）◇978-4-89434-239-2

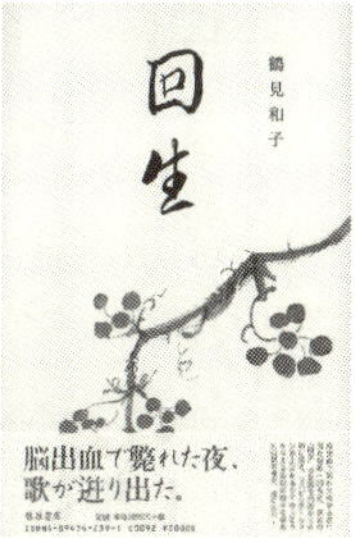

『回生』に続く待望の第三歌集

歌集 花道

鶴見和子

「短歌は究極の思想表現の方法である。」――大反響を呼んだ半世紀ぶりの歌集『回生』から三年、きもの・おどりなど生涯を貫く文化的素養と、国境を越えて展開されてきた学問的蓄積が、脳出血後のリハビリテーション生活の中で見事に結びつき、美しく結晶した、待望の第三歌集。

菊上製　一三六頁　**二八〇〇円**

（二〇〇〇年二月刊）◇978-4-89434-165-4

最も充実をみせた最終歌集

歌集 山姥

鶴見和子

序＝鶴見俊輔　解説＝佐佐木幸綱

脳出血で斃れた瞬間に、歌が噴き上げた――片身麻痺となりながらも短歌を支えに歩んできた、鶴見和子の〝回生〟の十年。『虹』『回生』『花道』に続き、最晩年の作をまとめた最終歌集。

菊上製　三二八頁　**四六〇〇円**

（二〇〇七年一〇月刊）◇978-4-89434-582-9

限定愛蔵版　**三百部限定**

布クロス装貼函入豪華製本

口絵写真八頁／しおり付　**八八〇〇円**

（二〇〇七年一一月刊）◇978-4-89434-588-1

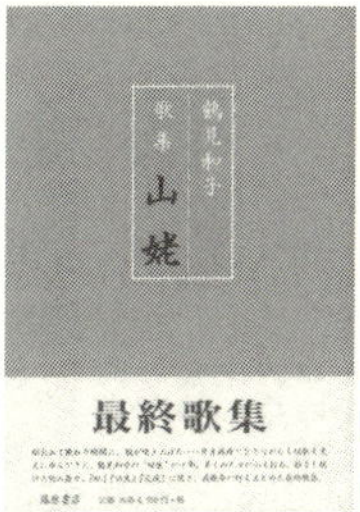

強者の論理を超える

曼荼羅の思想

頼富本宏＋鶴見和子

体系なき混沌とされてきた南方熊楠の思想を「曼荼羅」として読み解いた社会学者・鶴見和子と、密教学の第一人者・頼富本宏が、数の論理、力の論理が支配する現代社会の中で、異なるものが異なるままに共に生きる「曼荼羅の思想」の可能性に向け徹底討論。

カラー口絵四頁

B6変上製　二〇〇頁　**二二〇〇円**

（二〇〇五年七月刊）◇978-4-89434-463-1

1989年11月創立 1990年4月創刊

一九九五年二月二七日第三種郵便物認可　二〇一三年三月一五日発行（毎月一回一五日発行）

月刊
機
2013
3
No. 252

発行所　株式会社 藤原書店©
〒一六二-〇〇四一　東京都新宿区早稲田鶴巻町五二三
電話　〇三・五二七二・〇三〇一（代）
FAX　〇三・五二七二・〇四五〇
◎本冊子表示の価格は消費税込の価格です。

編集兼発行人
藤原良雄
頒価 100円

近代日本の礎となる「公共」思想を提言した横井小楠を大胆に描く！

大義を四海に布かんのみ

——『小説 横井小楠』刊行にあたって——

小島英記

幕末維新の頃、近代日本の礎となる「公共」思想を提言し、大胆に世界の中の日本の海図を指し示した志士、横井小楠。勝海舟、吉田松陰、坂本龍馬らに影響を与え、龍馬の「船中八策」や、由利公正起草の「五箇条の御誓文」も小楠から範を得て作られたものである。徹底的な理想主義者ながら、大酒を呑み失敗するも、人情にあふれ揺るぎない信念と情熱と不思議な魅力で時代を変革に導いた横井小楠とは一体何者か。

編集部

● 三月号目次 ●

幕末を動かした思想家・政治家

勝海舟をして「おれは、今までに天下で恐ろしいものを二人みた。それは横井小楠と西郷南洲だ」と言わしめた小楠は、幕末を動かしたユニークな思想家にして政治家である。その割に、知名度が低いのは残念なことだ。

小楠（一八〇九—六九）は熊本藩士の二男に生まれ、儒学者の道を歩み、次第に実学を完成させ、儒教を理想主義的に読みかえて独自の公共・徳の思想を生みだした。

その人生は挫折と失意の連続であった。熊本藩では異端視され、ようやく福井藩主の松平春嶽に招聘されて実力を発揮する。小楠は格調高く理想論を説く一方で、福井藩では、具体的に産物会所を興すなど殖産興業政策で実効をあげた。また、幕府の政治総裁職になった春嶽の私的ブレーンとして、幕政改革でも参勤交代制の緩和などに成果をあげ、その思想を政治的に成功させる希有の才能を発揮した。

小楠は最後まで不運だった。尊王攘夷運動が激化するなかで、諸侯による全国会議をくわだてて、国論を主導しようとする寸前、刺客に襲われた。宴会のさなかで刀が手元になかったため、刀を取りに藩邸に戻った行為が士道忘却の罪に問われ、士席を剥奪されて沼山津《ぬやまづ》に蟄居、隠棲する。もし、この事件がなかったら、幕末の政局も変わり、明治維新のかたちも違ったものになったかもしれない、と思わせるような活躍ぶりであった。

小楠思想の真髄は、たとえば嘉永四（一八五一）年、四十三歳の横井小楠が上国遊歴の旅で福井藩を訪れ、「大学の三綱領」を講演したとき、若き日の由利公正が聞いたという言葉に示される。

「堯舜孔子《ぎょうしゅんこうし》の道をもって国家を経綸する学となし、道徳は経国安民の本で知識によって増進する。ゆえに（人は）格《かく》物致知《ぶっちち》を先として己を修め、人を治める内外二途の別なし」

のちに福井藩に招聘されて書いた『国是三論』では、統治者の要諦をこう記した。

「君主は慈愛・恭倹・公明・正大の心をもち、古聖賢の言葉に照らして検証し、武道によってその心を練り、人の性情にもとづいて人の守るべき道により、至誠《しせい》と惻怛《そくだつ》（いたみかなしむ）の心をもって臣を率い、民衆を治める」

「執政大夫（宰相）は君主の心を体して憂国愛君の誠を立て、傲《おご》りをいましめて節倹の徳を修め、みずからの心を苦しめ身体を労し、艱難に屈せず危険を恐れず、全力をつくし真心をこめ、身をもって衆に先立ち、坦懐無我（わだかまりなく己を

▲小島英記氏（1945- ）

むなしくして）、意見を容れ、諸役人とはかって君主の盛意（立派な意図）を実現するよう努力し、善は誉め不能なものは教育するようにしなければならない」

「諸役人も主君や宰相の意をうけて、あえて自分勝手の意見をはさまず、忠誠無二、勤勉にその職分をつくし、廉介（いさぎよく）正直に共に士道をもって部下たちを督励し公に奉じ下を治めなければならない」

およそ政治家・官僚たるものは、「公」に準じ「私」を排除するのが原則なのである。

普遍的な理想を描く

沼山津に逼塞中、甥の左平太と大平をアメリカに送りだすときに与えた漢詩が、晩年の思想をもっとも分かりやすく示している。

「堯舜孔子の道を明らかにし、西洋器械の術を尽くさば、なんぞ富国に止まらん。なんぞ強兵に止まらん。大義を四海に布かんのみ」

それは単なる富国強兵ではない。海外侵略の道を歩むことではない。その大義とは、世界平和と国家独立・国民のための富国の両方を重視すること、諸国家の割拠見（自国本位の見方）を否定し、自己を相対化して、普遍的な理念をもって国際社会を生きる道であった。しかし、明治国家はそういう理想を初めから持たなかった。

小楠思想の原則に、**君子が無能なら取りかえなければならない**ということがある。これは万世一系の神がかり的天皇制とは矛盾する。小楠は明治新政府に召されるが、病気で真価を発揮できないうちに暗殺され、思想的課題を残したまま去った。

いま日本は内外ともに難問山積し、まさに国難来るというべき現状にある。そういう時だからこそ、小楠思想の現代的意義があり、その見直しが必要であるように思う。

小楠と源了圓先生との出会い

私の小楠との出会いは、ずいぶん昔のことになる。

四〇年以上前だが、大学で政治学をかじった私は、ゼミ論のテーマに悩み、海舟の『氷川清話』を読んで、小楠に関心を持った。たまたま神田の古書店でみつけたのが、小楠研究の基本文献である山崎正董の『横井小楠』上下巻であった。しかし、当時の私に儒教と漢文、難解な漢字の壁は厚く、ついに諦めてしまった。

結局、もうひとつの関心事であった全体主義をやろうと思い、そのころ読んで面白かった『国体論及び純正社会主義』を書いた北一輝を選んだ。もっとも、北の晩年、三井財閥から巨額の生活費を引きだすような生き方に幻滅して、論文は中途半端なものに終わってしまった。しょせん学究の資質がなかったのである。

以来、新聞記者の生活を送っていたが、書棚の片すみに置かれた『横井小楠』は、常に気になる存在であった。それを小説にしたいと思うようになった機縁は、日本思想史の泰斗、源了圓先生との出会いである。

先生の書かれた『型と日本文化』をテーマにインタビューにうかがって、以後、大変かわいがっていただき、「私の若い友人」とまで言ってくださるようになった。ある日、その先生が「小楠は私のライフワークです」とおっしゃった。私の古い思いがよみがえった。

「実は私も小楠には関心があります。先生のご本が出ましたら、それを勉強させていただき小説にしたいと思います」

先生は「ぜひ、そうしてください」と励まされ、私は少しずつ小楠関係の資料を集めにかかった。それからまた、ずいぶん歳月が流れ、私は新聞社を辞めて作家になった。ときどき、先生にご研究の進捗度をうかがうと、「まだまだです」と答えられた。

二〇〇九年は、小楠生誕二百年で、私は雑誌の『致知』に小楠の小伝を書いた。また、以前から、旧知の藤原書店社長の藤原良雄さんが、この年にあわせて源先生の本を記念に出したいと言われていたので、先生にうかがうと、「まだまだです」というご返事であった。

十二月になって先生からお電話があり、「とりあえず横井小楠の特集を藤原書店の季刊誌『環』の別冊で出すことになったので、紹介記事を書いてほしい」と頼まれ、『日本経済新聞』の文化欄「文化往来」に寄稿した。

人を魅了するエネルギーと高い志

しばらくして、別件で藤原さんと懇談したとき、源先生の『横井小楠』が話題になった。私が、「むかし、先生のご本が出たら私が小説を書きます、という約束をしたんですよ」と話すと、「うちの『環』の紙面を提供するから、ぜひ連載してほしい」ということになった。

先生にそのことをお話すると喜ばれたが、「あと一年はかかります」と言われるので、のんびり構えていたところ、翌年の正月になって、藤原さんから「先生のご本は大幅に遅れそうだから、連載のほうを先に始めてほしい」という依頼があって驚いた。早速、先生のご了承をえて、大慌てで小説にとりかかることになった。

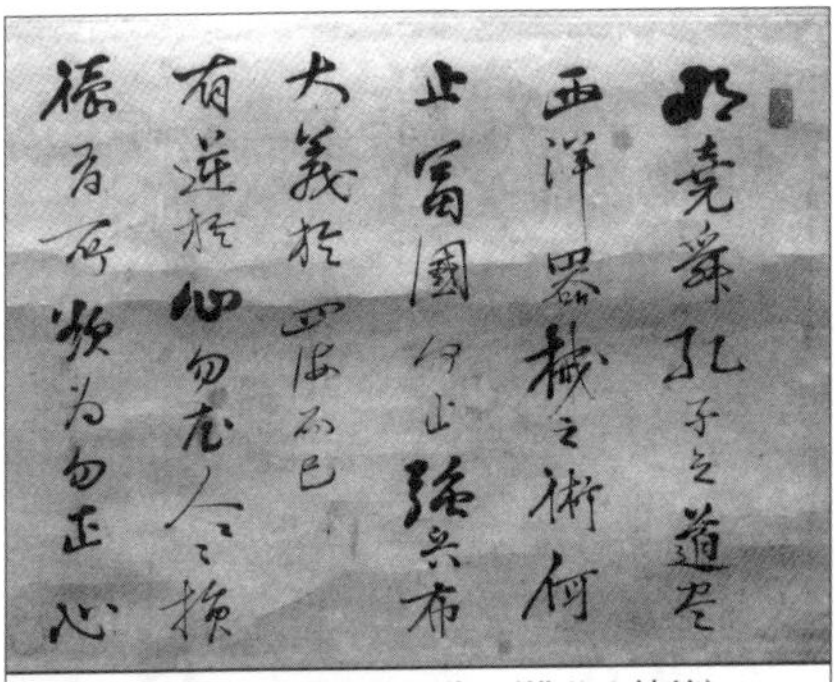
▲漢詩「堯舜孔子之道」（横井小楠筆）
甥の左平太と大平が米国に留学する際に贈ったもの。

連載当初は、一回に四百字で五〇枚、二年の連載で四百枚程度のものにする予定だったが、途中で、このペースではとても書ききれないと観念し、藤原さんに枚数を倍にしていただいた。結局、連載は二〇一〇年春号から二〇一二年夏号まで、予定を大幅に超える長丁場になってしまった。本著はそれをもとに加筆修正したものである。

先生にお話しすると、「小楠は長くなるんです」とおっしゃった。九十歳を超えてなお探究の手をゆるめられない先生にはほんとうに頭が下がった。いま先生の大著も完成し、藤原書店に原稿はおさめられ、刊行の準備にはいっているという。

書くまえに「思想家は小説になりうるのだろうか」という不安があった。その思想に踏み込めば、たちまち難解になり、避けて通れば、真の小楠像に迫り得ないことになるからだ。このため、小楠の書いたものすべてを、できるだけわかりやすく現代語訳し、ほぼ、そのまま記述することにした。熟読玩味していただければ、小楠思想の魅力が伝わってくるはずである。

小楠には人間的なスケールの大きさがある。謹厳な人格者というわけではなく、酒も女も大好き、特権も享受するという人間的弱みもあったが、そういう弱点も打ち消してしまうほど人を魅了するエネルギー、志の高さが小気味よいのである。

（こじま・ひでき／作家）

『ビルマの竪琴』で知られる戦後論壇の知欧派の一大知識人、竹山道雄とは何者か？

「根源的自由主義者」竹山道雄と昭和の時代

平川祐弘

自由主義を守り通す

竹山道雄（一九〇三―一九八四）は、昭和前期は第一高等学校のドイツ語教授であった。第一高等学校は一学年の定員が四百名、天下の秀才が目指した戦前の日本のもっとも狭き門で、その選ばれた者が三年間寮生活を送るエリート校である。竹山はその「一高のプリンス」と目された人で若き教授として日本の棟梁の材に感化を及ぼした。しかしその旧制高校は日本の敗戦後、占領軍とそれに迎合する勢力によって廃校となり、一高は東大教養学部となる。そのとき竹山は一高と運命を共にし教職を去り、以後はもっぱら文筆家として活躍した。世間には『ビルマの竪琴』の著者として知られるが、それ以上に戦後の論壇では一大知識人として群を抜く存在感があった。左翼陣営かららは「危険な思想家」とレッテルを貼られたが、その立場ははっきりしていた。語の根源的な意味における自由主義である。

竹山は一九三六（昭和十一）年の二・二六事件の後に軍部批判の文章を書くという反軍国主義であり、一九四〇（昭和十五）年にナチス・ドイツの非人間性を『思想』誌上で弾劾した。そしてそれと同じように敗戦後は、反共産主義、反人民民主主義で一貫した。戦前戦後を通してその反専制主義の立場に変わりはなく、本人にゆらぎはなかった。日本の軍部も、ドイツのヒトラーのナチズムも、ソ連や東ドイツの共産主義体制も、中華人民共和国のそれも批判した。その信条は自由を守るということで一貫しており、昭和三十年代・四十年代を通して、雑誌『自由』によって日本が世界の自由主義陣営に留まることの是《ぜ》を主張した。その洗練された文章には非常な魅力があり、論壇の寵児と呼ばれたほどで、少なからぬ愛読者や支持者もあったのだと私は考える。豊かな外国体験と知見に恵まれた文化人の竹山は、当代日本の自由主義論壇の雄で、この存外守り通すことの難しい立場を「時流に反して」守り通したといえよう。

なぜ竹山はナチス・ドイツを批判したのか

竹山は具体的にどのようなドイツ文学者であったか。日本が日独伊三国同盟を結ぼうとしていた一九四〇（昭和十五）年に『思想』に発表した「独逸・新しき中世?」では、ゲッベルスの演説を訳して紹介し、批判を加え、ナチス・ドイツ

▲竹山道雄（1903–1984）
齋藤和欣撮影　1976

の思想状況をルネサンス以来ヨーロッパの人本主義文化を発展させてきた原動力の原理である個人、その自由、その知性の否定であると断定し、「英仏側が勝てば、思考の自由は救われ得る。ドイツが勝てばそんなものはわれらから根底的に奪われるであろう」という大胆な結論を述べて憚らなかった。

日本では、外国語外国文学研究の学界でも外務省でもおおむね自分の専門とする外国を良しとする傾向にあることは、チャイナ・スクールの人々が北京詣でをすることからもわかるであろう。フランス語教師は、パリ万歳といっていれば居心地がいいことは、私も東大でフランス語を教えていたのでよくわかる。それなのになぜ三十六歳の竹山がこうした大文章を書けたのか。それは竹山は在日のドイツ人教師と親しくてナチスのユダヤ人排斥とか思想弾圧とかについてよく知っていたからである。そしてそれをあえて言う勇気があったからである。

ドイツを批判的に観察

ナチス・ドイツや人民中国に比べれば、軍国主義日本の全体主義の圧力はよほど微温的であった。それだからこそ弊衣破帽の反時代的風俗は戦争末期まで許されたのであり、憲兵隊に十数日間留置された木村健康などの教師もいたが、ドイツの強制収容所やソ連のラーゲリや労働改造の監獄に送られた者はいなかった。日本では治安維持法でもってそんな強制的措置はとられず死刑もなかったのである。連合国側の軍国日本理解はとかくナチス・ドイツとの類推で行われ今日に及

んでいるが、この相違点は明確に自覚しておかねばならない。竹山は公然とナチス・ドイツを批判しても一高教授の職を追われる心配はなかった。そんな竹山に対して批判的だったのはむしろ同業者のドイツ文学者たちで、その多くはナチス・ドイツにいれあげていた。一九四〇年六月十四日パリが無血開城した時、「竹山君の顔が見たい」と紅露文平が電話してきたことを竹山夫人は記憶している。

ではなぜ竹山道雄はドイツ一辺倒にならなかったのか。竹山はただ単にドイツへ留学したというよりは西ヨーロッパに留学した人である。昭和初年にベルリンだけでなくパリでもフランス語を習っており、フランスが好きだった。竹山はパリのリュクサンブール美術館で知り合った片山敏彦を、一高でドイツ語教師に欠員が生じたときドイツ語教師として招いた。竹山と片山は、ロマン・ロランの紹介状をもって日本に逃げてきたドイツ系ユダヤ人の美術評論家アルバート・タイレの面倒も見ている。竹山も片山もフランス側からもドイツを批判的に観察していた。それだからドイツ礼賛になることはなかったのである。

昭和十五年のある日、ドイツ大使館はパリ占領のニュース映画を見せた。河盛好蔵は竹山の隣りにいたが、凱旋門上にナチス・ドイツのハーケン・クロイツの旗がするすると掲げられた。その場面が出たとき竹山はフランス文学者の河盛の方を向いて「不愉快でしょう」といった。しばらくしてドイツ軍の兵士が、立ち並ばせた民衆の中からユダヤ人を見つけては、一歩前に進ませる場面が出た。すると竹山は今度はたしかにまわりの人たちに聞えたに違いのない声で「イヤなことをするなあ！」と言った。場所はドイツ大使館の中だから河盛ははっとした。これは竹山が思わず発した声だったのだろう。河盛は戦後、アウシュヴィッツ収容所などのユダヤ人虐殺の映画を見たとき、竹山の声を思い出して「竹山さんはあのときこのような悪逆無道がナチスの手で行われていたことを既に知っていたか予感していたのだと思い、その勇気にあらためて感心した」と回顧している。

竹山の目を通して見た昭和の時代を描く

このたび刊行する『竹山道雄と昭和の時代』は竹山の伝記だが、同時に竹山の目を通して見た昭和の時代の世界の歴史でもある。竹山道雄は昭和天皇に二年遅れて一九〇三（明治三十六）年に生れ、昭和天皇に五年先立って一九八四（昭和五十九）年に没した。大正天皇が崩御し昭和天皇が践祚《せんそ》した一九二六（昭和元）年に第一高等学校に職を得た。昭和の初年にヨーロッパへ留学した。帰国後の日本では軍部が擡頭する。その日本はやがてナチス・ドイツと同盟し、敗戦を迎える。そのような戦前・戦中・戦後を竹山はいかに生きたか。東西冷戦の中でいかなる立場をよしとしたか。そんな非西洋の国日本で生きた知欧派の一知識人竹山道雄の軌跡をたどったのが本書である。読者は竹山を語る本書を通して世界の中の昭和日本の歴史もまた読みとられることと信ずる。

▲平川祐弘氏（1931- ）
熊本日日新聞社提供

角を矯《た》めて牛を殺すな

文章を書くとは選ぶことである。選ぶからこそめりはりもつく。人生も選ぶことである。「（東京の）有名な府立中学といえば、一中、三中、四中、五中、六中などであった」と私が書いたら、慎重な人から「そんな書き方をすれば府立二中の関係者の反感を買いますよ」と注意された。その種の気配りを良しとお感じの方も多いであろう。しかしそのような風潮に気兼ねするかぎり、戦前の日本のエリート校であった旧制第一高等学校の教授であった人を語ることは難しくなってしまうのではないか。世の一部の人の反感を過度におそれるならば、当り障りのないことしか書けなくなってしまう。それでは自縄自縛である。私は『竹山道雄と昭和の時代』を率直にありしがままに書きたいと思っていただけに、そのような注意を受けたことに逆に驚き、不安を覚えたのであった。

嫉妬に根ざすアンチ・エリティズムは健全とはいえないだろう。角《つの》を矯《た》めて牛を殺してはならない。エリート教育を受けたからといって、十中八九、人は大した人物とはならない。しかし十人に一人でも偉才を生めばそれで良いのである。私はそう信じている。

（ひらかわ・すけひろ／東京大学名誉教授）

平川祐弘
竹山道雄と昭和の時代
A5上製　五三六頁　口絵カラー一頁　五八八〇円

日本文化の基層としての環境の思想を、古都京都に探る！

「いのちはめぐる」
——『京都環境学　宗教性とエコロジー』刊行にあたって——

原　剛

日本文化の基層にある環境思想

日本の神々と仏が現代に環境思想を語るならば、どのような言葉を用い、またどう歴史的に裏付けるだろうか。

日本文化の基層にある神仏（＝）宗教性への意識が科学に裏付けされ、現代の環境思想、生活流儀として共有され、自ら転がりだす玉のように、日本文化の表現として実践に移されないものだろうか。

『京都環境学——宗教性とエコロジー』は、京都の寺社と水俣を関連づけ、日本文化の基層に潜在している環境思想の原点に迫ろうと試みる。

文化としての環境の特徴を、本書は宗教性（神仏の概念）と科学（エコロジー）の共存に求めている。エコロジーは生物とその環境との関連を分析する自然科学としての生態学である。

京都でもとりわけ高い人気が寄せられている名刹、神社の僧侶と神官が、こぞって環境思想と仏教、神道との関連を真正面から論じるのは本書が初めてである。

「宗教における自然」
妙法院門跡門主　菅原信海

「共に生かされている命を感じて」
鞍馬寺貫主　信楽香仁

「日本人の宗教心」法然院貫主　梶田真章

「環境と神道——糺の杜のもの語る」
下鴨神社禰宜　嵯峨井建

「神道の教義に内在する環境保護思想」
貴船神社大宮司　高井和大

さらに東京上野寛永寺の杉谷義純住職が**「草木成仏を考える」**の課題で加わっている。

信楽香仁貫主は「天地自然は生きている大乗教であり、自然の姿が仏教経典のすべてである」と説く。鞍馬山中腹の境内は岩石、植物、生物をつないだ生態系の教室とされ、生態学の専門家が自然解説に当たっている。国宝の仏像群と動植物標本が同一の宝物殿に展示されている。

京都と水俣に通い合うもの

▲原剛氏（1938- ）

他方、一九五六年この方、神も仏も救いの手を差し伸べてこなかったかに見える水俣病の地で、仏教に由来する「本願の会」に集う人々は、「魂と意志」のありかをどこに見出そうとしているのだろうか。仏教と通底する**水俣「本願の会」**の活動、神の気配を感じさせる不知火海の自然との交歓の現場から、当事者たちが水俣病の体験を語る。

石牟礼道子さんのインタビュー「**空しさを、礼拝するわれら**」、独創的な行動で知られる漁師**緒方正人さん**のインタビュー「**『文明の革命』を待ち望む――『本願』とは何か**」を通じ、「水俣のこころ」の深奥に踏み込んでいる。

では、京都の僧侶・神官の言葉や感性と、海山を生業の場として自然の精霊と交わることのある水俣の人々のそれらには、通い合うものがあるのだろうか。

例えば、鳥や魚と会話し、水俣病を「天からのさずかりもの」として引き受け、差別した人を許し、水と森を命の源として自覚し、「私が水俣病を全部負っていく」と世を去った漁師杉本栄子さん。石牟礼さんは杉本さんを「菩薩」とみなし、親鸞の大恩忌に詩経「花を奉るの辞」を記した。

緒方正人さんたち有志一七人は一九九四年、「本願の会」を発足させた。「**埋め立てられた苦界の地に数多くの石像（小さな野仏様）を祀り、ぬかずいて手を合わせ、人間の罪深さに思いをいたし、共にせめて魂の救われるように祈り続けたいと深く思うのです**」（「本願の書」）。

京都の寺社に蔵され、語り伝えられてきた神仏の教えの大要は、既に水俣の人々が自らつむぎだした言葉と行動とによって、暮らしの現場で実践され、祈願されているのである。

京都の聖域から発せられた「環境と神仏」のメッセージが、京都ファンである多くの日本人の心に届き共感され、日本文化の基層としての環境の思想が、水俣病を経験し、大震災と原発事故に直面した日本を根本から揺さぶり、変革する原動力になることを願っている。

（はら・たけし／早稲田環境塾塾長）

従来の近代西欧知を批判し、独自の概念を作り出した二人の徹底討論！

内発的発展と自己創出

――「近代化論」批判と「生命科学」批判――

中村桂子

鶴見さんの「内発的発展論」とは

今、社会はグローバリズムと言われています。globe は地球です。鶴見さんの著書『南方熊楠――地球志向の比較学』がありますように、地球を考える、更には地球で考えることは非常に大事です（傍点は編集部）。しかし今のグローバリズムはアメリカ型の新自由主義を広めるという誤ったものです。先進国と途上国の間だけでなく、先進国内での格差まで広げています。鶴見さんはそれに対して地球上の地域それぞれの「内発的発展」が必要であるとおっしゃいました。

アメリカで欧米の社会学を徹底的に勉強されて、身につけられた鶴見さんが、帰国後水俣に出会い調査をなさったところ、「これぞ本当の学問」と思っていたものが通用しなかったのです。しないどころか、あまりにも違うものがあるのでとても悩まれました。アメリカの社会学では、「自然」という言葉を使うと、社会学に自然なんかいらないと否定されてしまう。でも、水俣を考えるときに自然を入れないで考えられますか？と話されました。そこで考え抜かれた結果が「内発的発展論」です。発展はそれぞれの土地にある自然や文化や歴史、そこにいる人びとが内にもっているものから出てきて初めて本物であるということです。

▲鶴見和子（1918–2006）

分子生物学への疑問から「生命誌」へ

グローバリズム一本槍の今の社会は、すべてを一つの物差しで測ります。そこで進んだ国と遅れた国があるとします。――そうではなく、さまざまな物差しがあるのです。たとえば教育を見ても、子どもを一つの物差しで測って並べるというのがいかにばかばかしいかということは、わかりきっています。そういう中で、鶴見さんが出された「内発的発展」という言葉、構想、思想はすばらしい、大きな意味を持っています。

　私も、分子生物学という、欧米そのものという学問で生きものを考えたいと思ってきました。チョウを採りに山を歩くのも生きものを考えることですし、詩を作るのも生きものを考えることですが、基本の基本を知りたくて、一九五〇年代に出会った新しい学問、DNAを中心に置く分子生物学で考えたいと思って勉強しました。鶴見さんの社会学に対して、私は生物学で、同じように欧米から学び、それを生かして考えようとしました。しかし私もこれで生きものがわかるのだろうかという疑問にぶつかりました。

▲中村桂子氏（1936- ）

　扇形の図（「生命誌絵巻」）が、私の考える生きものの姿です。扇の縁が現在で、多様な生きものがいます。すべてがDNAをもつ細胞から成るという共通点があり共通の祖先から生れたと考えられます。人間もその中にいます。共通性は大事なことですが、それだけを見て分析していくことで生きものが分かるだろうかと思うようになりました。

　共通だけれど、やはりアリはアリで、ヒトはヒトだと思いはじめ、共通性を受けいれつつ多様性、個別性を考えるにはどうしたらいいだろうと悩みました。そこで、アリのDNA（ゲノム）はアリをつくり出し、ヒトのDNA（ゲノム）はヒトをつくり出していることに気づき、**「自己創出」**という言葉を思いつきました。アジアはアジアで、アフリカはアフリカという鶴見さんの内発的発展と同じように、アリはアリ、ゾウはゾウ、人間は人間として自分をつくり出しているということです。その考え方を基に**「生命科学」という分析に対して、「生命誌」という、歴史物語を読み解く知**を始めました。社会と自然を見る眼、発想が重なっています。（後略　構成・編集部）

（なかむら・けいこ／JT生命誌研究館館長）

19世紀後半、人間の根本的矛盾と格闘した文豪ゾラが現代人に突きつけた問題とは？

欲望史観で読み解く、ゾラ

寺田光徳

人間の根本的な矛盾と格闘

ゾラの畢生の大作「ルーゴン＝マッカール叢書」（全二〇巻、以下「叢書」と略記）は、藤原書店の「ゾラ・セレクション」（全十一巻）と論創社の「ルーゴン＝マッカール叢書」（全十一巻）が最近刊行され、日本語でもまとまって読めるようになった。こうして日本の読者にやっと全貌を明らかにした「叢書」を通覧してみると、ゾラという作家は十九世紀後半のフランス第二帝政期を物語の舞台にしながらも、欲望が人間の存在を規定し歴史を形成するという欲望史観に基づいて、現代にもそのまま通じる人間の根本的な矛盾と格闘した、スケールの大きな小説家であったことをわたしたちに改めて感じさせる。

たとえば「叢書」第一五巻『**大地**』では、土地と女の人類学的支配が問いかけられる。なぜなら、フランスでは大革命以降農民にも土地所有が制度的に認められ、それに古来からの嫁資制度が絡んできて、農民にとって結婚はエロティックな欲望のみならずエコノミックな欲望が問題になっているからだ。主人公の農民ビュトーが義妹のフランソワーズを強姦し、彼女を悲劇的な死に至らしめるのは、結局、土地と女が一体となった、わたしたちに人類学的考察を可能にする社会背景が存在していたからである。

▲エミール・ゾラ（1840–1902）

第二巻『**獲物の分け前**』のブルジョワ有閑夫人ルネは、義理の息子とインセスト（近親姦）に陥る。このような社会的タブーの侵犯を糊塗しようと、彼女はフェードル神話などによって聖化を目論む。しかし第二帝政という現実がインセストの神話的聖化を許すはずもない。義理の息子や夫が、フェードル神話にあるようなアテナイ王やその息子に比ぶべくもないからだ。オスマンのパリ大改造に乗じ地上げで富豪となる、いわば卑俗この上ない夫サカールは、妻にも金銭欲をむき出しにし、彼女からエロティスムの側面では寝取られ亭主（コキュ）にされても、エコノミスムの側面では彼女を赤裸にし、いわば彼女を女コキュの境遇に陥れる。

欲望が歴史の根本的な原動力と見抜く

第一七巻『獣人』において問題となる欲望する機械とは、『罪と罰』におけるラスコーリニコフのような理性的殺人ではなく、欲望に駆られて衝動的殺人を犯してしまうジャックの謂である。無意識の欲動に衝き動かされて愛する者を殺害してしまう殺人事件は、因果論的論理にしたがう人間の理性では計りがたい行為だ。しかしこの時代の蒸気機関を代表とする熱力学機械は、分子論レベルで見れば原因と結果がストカスティック（確率論的）な関係で結ばれている。つまりゾラはここでジャックの殺人に分子論的な機械として組織されている無意識を垣間見ており、そのことによって当時のエピステーメーと通底した**マシニズム**（機械主義）**的世界観**を浮き上がらせている。

▲寺田光徳氏（1947- ）

　この度刊行される『欲望する機械――ゾラの「ルーゴン＝マッカール叢書」』でテーマとして取りあげた**欲望**というのは、周知のようにフロイト以降人間の存在論に不可欠なテーマとみなされて、現代の哲学者・思想家ドゥルーズ＝ガタリによって改めて歴史の原動力と位置づけし直されたものである。ゾラはフロイト以前の作家だが、本書が明らかにするように、彼もまた**欲望が人間の存在を規定し、歴史の根本的な原動力となる**ことを炯眼にも見抜いて、「叢書」において第二帝政の社会的矛盾を暴き出している。こよなく現代的なテーマである欲望を通して、二十一世紀のわたしたちにも刺激に富んだ新しいゾラを味わっていただきたいものである。

（てらだ・みつのり／熊本大学文学部教授）

名著に新たな命を――三十年間色あせなかった、分析の深さと先見性

〈特別寄稿〉『康熙帝の手紙』と私

楠木賢道

永らく絶版となっていた岡田英弘『康熙帝の手紙』が、この度大幅に増補され、「清朝史叢書」の第一冊として刊行された。

本書との出会い

本書の原版は、一九七九年に刊行された同名の中公新書である。

一九八〇年に筑波大学に入学した私は、当初から東洋史をやろうと決めていたが、具体的に何をしたらいいのか決められず、少し焦っていた。そのようなとき、野口鐵郎先生が、夏休み直前の中国史概説の授業で、イエズス会士ブーヴェによる康熙帝の伝記の話をした。その直後、学内の書籍部で平凡社東洋文庫の棚を眺めていたら、後藤末雄訳『康熙帝伝』が目に入った。ブーヴェによる伝記の日本語訳である。一九七〇年刊の初刷だったので、箱はかなり日焼けしていた。その本を手にしたまま、中公新書の棚に向かい、今度は真新しい『康熙帝の手紙』を発見した。頁をめくると、『康熙帝伝』が引用されていた。私は、この二冊を夏休みに帰省して読む本に決め購入した。

しかし正直にいうと、モンゴル・チベット史に関する知識がほとんどなかったので、大学一年の私には『康熙帝の手紙』の内容はよくわからなかった。ただ、小説でもないのに、史料を読み解くとここまで康熙帝の内面性に迫ることができるのかと、著者の筆力に圧倒されたことを覚えている。そしてその史料が康熙帝直筆の満洲語の手紙というのが、とても気になった。というのは、実家には、戦前に中国で集めたという古銭があり、幼い頃それを見た私は、漢字ではない文字が鋳込まれていたことを覚えていたからである。帰省中にあらためてその古銭を見ると、漢字でも「康熙」「乾隆」などとあったので、漢字ではない文字が満洲文字だと理解できた。そして漠然と、こういうことを研究したいと思っていた。

名著とは

満洲語の修得には苦労したが、日本大

学の加藤直人先生の押しかけ弟子となり、史料が読めるようになった私は、大学院進学以後、清朝の初代君主ヌルハチから康熙帝の時代までの清朝史を中心に研究を続けてきた。その間、折々に原版『康熙帝の手紙』を読み返してきたが、読む度に新しい発見があった。それは本書の持つ分析の深さと先見性に由来すると思う。康熙帝を含む内陸アジア世界の君主らが、一方で自らの王権の正統性を主張しながら、他方でリアルポリティクスを展開する状況をとことんまで分析し、両者がいかに絡み合いながら歴史が推移していたかを、本書はバランス良く論じているので、読み手の問題意識や知識が深まるほどに、本書から得るものも増えて行くのである。この意味で、現在のチベット問題を考える上でも、本書は極めて示唆に富んでいる。

　また先見性という点では、私は十年ほど前に、モンゴル人チベット仏教僧シャンナンドルジが康熙帝との間でかわした、康熙帝の手紙と同系統の史料を見出し、側近としてモンゴル・チベット情報を収集し康熙帝に報告していた姿を明らかにする研究を発表したことがあるが、原版を読み返してみると、シャンナンドルジに関する叙述がすでにあったのである。名著とはそういうものであろう。

＊＊

　白状をすると、本書「はじめに」の「大学で奉職している満洲学者などは、（原版を）古書店で見つけるとすぐに弟子のために買い占めた」とは私のことであり、「あとがき」に記された、本書刊行にあたり協力した岡田先生の「孫に相当するような年少のメンバー」には、私のゼミ出身者が含まれている。彼らといっしょに、私を学究の道に導いてくれた名著を増補し、新たな命を吹き込むお手伝いができたことを、私はとても幸福に思う。また本書が、さらに次の世代に読み継がれていくことを切に願う次第である。

（くすのき・よしみち／筑波大学教授）

リレー連載　今、なぜ後藤新平か　90

後藤新平を支えた異才、岸一太

能澤壽彦

多元的才能の発揮

岸一太《きしかずた》の名は、『正伝・後藤新平』に僅かに載る。だが他資料とも重ねる時、その大器ぶりが浮上する。明治七（一八七四）年生まれ。ドイツ留学で耳鼻咽喉科を修め、医学博士に。台湾に渡り、総督府医院長兼医学専門学校教授。この頃後藤新平と出会い、生涯の親交を結ぶ。後藤が満鉄総裁の時は、大連に移り、満鉄医院長に。

他方、発動機を製作し、大正五（一九一六）年、飛行機「岸式つるぎ号」を完成。赤羽《あかばね》に飛行機製作所、飛行士訓練所を兼ねた、民間初の飛行場を開設する。また、鉱山業にも進出。製鉄工場を作り、大正八（一九一九）年砂鉄精錬法の研究で、勲四等旭日賞を受ける。後藤が東京市長になると、東京市嘱託として都市の塵芥処分に関する発明を献策。関東大震災後は、後藤から帝都復興院技監に抜擢された。

眩暈を誘うような、八面六臂の多元的才能である。後藤が組織のトップの折、岸は様々な立場で彼を支えている。

異色の神道教団を創始

だがここに、今一つの顔を加えたい。それは宗教者としての側面である。大正十（一九二一）年、第一次大本教弾圧事件があった。この時、岸は著名信者の一人であった。だが、これを機に教団を去っている。その後、岸は朝鮮巫女・高大《こうたい》業《ごう》に出逢い、昭和三（一九二八）年、明《みょう》道会《どうかい》を創始する。その名称は、高に憑《かか》る明道霊児による。そして岸は、明道を通じて平田篤胤の霊言を得つつ、神界の真相を探る。その結果、八意思兼《やごころおもいかねの》大神に至り、教団の主神に迎える。天照大神の天の岩戸隠れに対し、解決策を立案した、知恵自在の神である。

だが、大本教の分派的存在で、かつ朝鮮の巫道の影が落ち、更に天孫系の古典神を祀る路線は、当局を刺激した。昭和初期、国家神道や国体思潮が高揚し出す中、神秘主義的宗教は警戒された。

こうした状況下、昭和五（一九三〇）

年十一月、岸と高は拘留されてしまう。憶測中傷に満ちた新聞記事に、今は触れぬ。「神人《じんにん》交通」と称した修法に、特に疑いがかけられたようだ。翌六年六月、岸と高は保釈された。そして同年十二月、予審終結が決定した。当時のこうした事件では常套的手段だったが、共に精神疾患によるものと処理され、無罪とされた。

だが、教団は痛手を負った。約四千人いた会員は激減した。昭和九（一九三四）年、岸は明道会の会長職を退いた。これを機に、惟神《いしん》会と名を改め、今日に至っている。岸は昭和十二（一九三七）年に没した。享年六十四。

▲岸一太
（昭和７年刊の書籍の口絵写真より）

両者に通底する精神性

改めて思う。後藤と岸は、共に医学から出発している。人間一身を癒す医の道から、後藤は大きく国家の健全を設計する政治の道へと歩む。岸も、諸発明・研究、諸事業を介し、大きく社会や国家への貢献を果たしてゆく。

岸の多才能を支えたものは何か。教団創始の事実から推せば、根底には何らかの宗教性があろう。大本教には、理想世界を激しく求める変革思想が根にある。大本教に惹かれた岸にも、似た傾向があったろう。しかも、大正期に大弾圧を経験する。この激動の運命を潜って、数年間、国家と霊性、神と天皇などにつき厳しく自問を重ねた日々があったろう。

その結果、天の岩戸神話にまで遡り、教理を導き、実践者を育もうとしたか。主祭神・八意思兼神《やごころおもいかねのかみ》の名義は、「多くの心を以って、多元的思考力を発揮させる神」と解せよう。正に岸にふさわしい。後藤は、岸の信仰を解したであろう。彼もまた、八意式《やごころしき》の大器であったゆえに。

（のざわ・としひこ／後藤新平プロジェクト）

Le Monde

■連載・『ル・モンド』紙から世界を読む　120

ナイトメアライナー

加藤晴久

二〇一三年一月一六／一七日付『ル・モンド』に「ボーイング、エアバスを追い越す」という長大な記事が載った。エアバス社は欧州航空・防衛・宇宙会社EADS傘下の航空機製造会社で、ボーイングの最大のライバル。二〇一二年度の受注、ボーイング一〇六八機に対し、エアバスは六四八機。五年間保った首位の座を奪われた。ボーイングの躍進は主として737MAX型のおかげだが、今後は新鋭機「ドリームライナー」787型が有力な武器となるだろう。

年が明けた一月九日付以降、連日のように発生するバッテリー・電気系統の過熱・発火、燃料漏れ、フロントガラスのひび割れ、ブレーキの不具合のニュース。一月一八日付の経済面全面を使った記事の見出しは「悪夢《ナイトメア》ライナーになった夢《ドリーム》ライナー」。

787型機のコンセプトは技術革新を駆使した低燃費化とオール電気化。そして外注化。同機の五〇%は複合材を使用している（一九九五年開発の777型機は一二%）。部品の七〇%は外国の五〇社が製造している。バッテリーの供給元、日本のGSユアサの株は暴落。翼を製造した三菱重工業は三・二四%、機体の素材、炭素繊維の提供元東レは四・一四%下げた。それぞれ一七機、七機を運航させていた全日空、日本航空の経営への影響は避けられない。

東京駐在メスメール記者の「耐空証明への疑問」と題する一月三〇日付記事は見逃せない。耐空証明というのは個々の航空機の強度・構造・性能を検査するテストだが、国土交通省は、787型機の導入を急ぐ全日空と日本航空、また製造に関与する諸企業の要請を容れて、二〇〇八年一〇月、耐空証明の基準を緩和した。二〇〇九年には、米国製航空機については米連邦航空局の基準で証明することで日米が合意し、二〇一一年、787型機は米国で証明された五日後に日本でも証明され、全日空に納入されたというのだ。

気がついたことのひとつ。日本の新聞は関係企業名を出さない（立ち入り調査があってはじめてGSユアサの名を出した）。

（かとう・はるひさ／東京大学名誉教授）

リレー連載　いま「アジア」を観る　122

二五年ぶりのミャンマー再訪

西倉一喜

ミャンマーを四半世紀ぶりに訪れた。前回の訪問はネウィン独裁下の「ビルマ式社会主義」を終焉させた一九八八年の民主化運動の直前だった。

共同通信記者時代に三十年以上にわたって東アジアの国際政治を現場取材してきたため、大学では比較政治を担当科目の一つにしている。この地域の戦後の大きなトレンドは経済発展と政治の民主化だった。しかし、ミャンマーは北朝鮮と並んで流れから取り残され、「鎖国」状態にあった。そのミャンマーに最近、再び新しい風が吹き始めている。

二十五年前に空路でバンコクからラングーン（現在はヤンゴン）に到着したときの初印象を、「過去へのタイムマシンの旅」と当時の企画記事に記した。だが現在、目前の新築ターミナルビルは外国からの観光客やビジネスマンでごった返し、若者がＷｉＦｉでメールをやり取り。平壌を唯一の例外として現在の東アジアのどこの国際空港でも見える風景となっている。ヤンゴン市民の表情も明るく、いつも誰かに監視されているという怯えはなかった。ミャンマー人ジャーナリストは「検閲が廃止され、恐ろしいほどの報道の自由がある」と苦笑した。

軍人出身大統領のテイン・セインと民主化運動の旗手のアウン・サン・スー・チーが過去のわだかまりを捨てて二人三脚で漸進的な民主化を進めている。軍部に特権を与えた憲法の改正問題など難問が山積しているが、両者にはミャンマーをアジアの孤児のままにはしておけないという共通の危機感がある。

もう一つの突出した印象は中国の存在感だ。西側諸国が抑圧的な軍事政権に経済制裁を課している隙に中国が進出攻勢をかけた。ミャンマーを通って中国本土とインド洋を結ぶパイプライン二本が近く完成する運びだ。中国とインドという台頭する地域大国のはざまにあるミャンマーに今、アジア回帰を目指す米国が急接近し「グレート・ゲーム」（大国の角逐）が展開されている。

（にしくら・かずよし／龍谷大学教授）

連載　女性雑誌を読む　59

『女の世界』（三）

尾形明子

一九一六（大正五）年五月、創刊一周年記念増刊号として「地方の女」を特集した『女の世界』は、日本で初めての「大正婦人録」を掲げる。伊藤燁子（柳原白蓮）から小説家・鈴木秋子まで一八四人の女性が、いろは順に記される。一八八九（明治二十二）年、福沢諭吉の提唱で設立された「交詢社」から、納税額を基準に出された『日本紳士録』のミニチュア女性版ともいえる。さらに三回にわたって補足されていくが、日本における最初の女性人名事典はかなりユニークな体裁を取っている。

紳士録と同じく、出自、出身校、職業、配偶者、住所が記されているのだが、例えば伊藤野枝は「明治二十八年一月福岡県糸島郡今宿町に生る。上野高等女学校卒業。翻訳『婦人解放の悲劇』の著、小説『動揺』の作あり。辻潤氏との間に子女二人あり。大杉榮氏の情人。雑誌『青鞜』経営。現住所、神田区三崎町玉茗館」とある。玉茗館は『青鞜』社員・荒木郁子の経営する旅館であり、逃避行の場所である。あるいは、「いくよ　吉原藝妓。姓は西村、名はあい。明治二十七年四月生れ。浅草に育つ。現住所、浅草区千束町二丁目幾島家」。

職業記載が無かったり、名流婦人が名誉職をかねたりして、単純に分類はできないが、多数を占めるのは日本画・洋画あわせて画家二九名、作家二四名、女優一九名、名流婦人二二名、教育関係二〇名、そして最も多いのが吉原・赤坂・新橋を中心とした芸妓四三名となる。

婦人録の下段に、主筆の青柳有美が煩悶引受所長の肩書きで「女の職業は唯一つ」とし、「男の職業は千差万別種々さまざまだが、女の職業は結局、唯一つで、男を悦ばし男に仕へる」と言い切っている。まさにその代表格に「芸妓」がいた。「女の自立自尊」を掲げてスタートした『女の世界』だったが、一年を経て大きく変貌したのか、本音が出たと見るべきか。

歌人とされているのが、与謝野晶子ら六名だけなのは意外だった。和歌は女性のたしなみの範疇ということだったのかもしれない。画家が多いのは、趣味の延長ということで家庭内でも許容されやすい仕事であったようだ。

（おがた・あきこ／近代日本文学研究家）

■連載・生きる言葉　69

子母沢寛『勝海舟』

粕谷一希

今日は、勝も、ずいぶん、みっちり身を入れて遣《つか》って行った。肱のところに血がにじんでいたようだ。

（『勝海舟』新潮文庫（一）冒頭）

日本の新聞小説の多くは、敗戦と共に中止となった。戦争を前提に構想されていた筋立てが時代に合わなくなったのである。たとえば岩田豊雄は戦争中『海軍』を書いていて中止し、戦後は獅子文六の名前で証券マンを主人公とする『大番』を書きはじめた。

そうしたなかで、『中外商業』（今日の日経新聞）に載った子母沢寛の『勝海舟』は、そのまま継続していた。ちょうど、西郷隆盛との江戸城明け渡し交渉が始まるところで、無条件降伏した日本の状況とダブって考えることができたためだろう。私は中学生だったが、そのころの『勝海舟』の文章をはっきり覚えている。

子母沢寛は昭和初期に書いた『新選組始末記』と『勝海舟』の二冊で不朽の作家となったといえるだろう。『新選組始末記』は、あまりに表現がリアルで、司馬遼太郎は『新選組血風録』を書くときに、わざわざ子母沢寛の御宅を訪ね、『始末記』を下敷にして書かせて頂きたい、と挨拶をしたという。司馬遼太郎もこのころに、歴史小説の文体を会得したのだろう。

また子母沢寛には『父子鷹』という、父・勝小吉と息子・海舟のことを書いた作品もある。この父小吉の書いた『夢酔独言』が滅法面白い。勝家は小吉の親の時代に、直参旗本八万騎の株を買ったのだという。それまでは検校（盲官の最高位）だったという。ある意味で勝には本来の旗本の忠誠心はなかったのだ。小栗上野介や松平容保とは発想がちがっていたのだ。

私も上司と共に一遍だけお目にかかったことがあるが、話芸の質は断然高く、うっとり聞き惚れるようなものだった。座頭市のわずかな頁の記述（『ふところ手帖』）が膨大な映画群を生み出したのも、子母沢さんの言葉の芸の巧みさを語っているようだ。

（かすや・かずき／評論家）

連載　風が吹く　61

なり損ねた新風

交友抄終了の弁

山崎陽子

『機』に交友抄を、とお声をかけて頂いたのは五年前。『機』の知的レベルの高さを熟知しているだけに、プロの球団から「一寸、試してみないか」と肩を叩かれた草野球の少年みたいな心境になった。固辞したが、藤原社長の「新しい風が欲しい」という一言に心がゆらいだ。つむじ風ほどの主張も持たず、薫風といえるほどのかぐわしさもないけれど、すきま風くらいならと、ついその気になったのである。

遠藤周作氏から始めたが、氏の場合は長いお付き合いでもあり、氏主宰の素人劇団に二十年近くも関わっていたことで、数々の逸話や抱腹絶倒の話題にはことかかない。いくらでも続けられそうだったが、何とか十九章で幕にした。

二人目の山本夏彦氏は、ナックルボールの可笑しさや洒脱な毒舌など、独特の笑いが満ち満ちていて、やはりとめどもなくなりそうだった。

いずれにしても、あまりに個性的な立役者を二人並べたので、後が続かなくなった。三人目は、日本のシャンソンの草分けである歌手の高英男氏。もともと主人の両親と親しい間柄であり、私は、あくまでも〝知人のお嫁サン〟だった。芸術祭で大賞を受賞した時など、我がことのように喜んで「いいですか。お上が認めてくれたんですよ。もう若奥さんの道楽じゃないんだから」などと、折にふれては、呑気で自覚のない私を心配して下さった。交友というより、保護者に近いものだったような気がする。

このへんで、遅ればせながら気づいたのである。童話やミュージカルを書きつつ、四十年近く両親、息子、夫の看病に明け暮れた身には、数多くの交友関係を築く余裕などなかったということに。

そこで、交友抄を終了したいと、藤原社長に直訴したのだが、理路整然とした三十二ページの『機』の中の、「ホッと、ひと休み」のような一ページを楽しみにしている読者もいるので、いっそ「ひと休み」のページにしてはとの提案に、再びその気になった。

という訳で、引き続き〝すきま風〟参上させて頂くことになりました。お付き合いいただければ幸せです。

（やまざき・ようこ／童話作家）

連載

帰林閑話　219

老人の言

一海知義

中国六朝時代の詩人陶淵明《とうえんめい》（三六五—四二七）に、次のような句で始まる作品がある。題して「雑詩」という。

昔は長老《としより》の言を聞くに
耳を掩《おお》いて毎《つね》に喜ばず

私もそうだった、と同感する人が、すくなくないだろう。

詩はつづけていう。

奈何《いか》んぞ　五十の年《とし》
忽《たちま》ち已《すで》に此の事を親《みずか》らせり

ところが何としたことか、自分が五十の年を迎えると、同じように若者に説教し、グチをこぼしているではないか。

おのれもまた世間の老人と同じか、と自覚した詩人は、次のようにうたいついで行く。

我《わ》が盛年の歓《かん》を求むること
一毫《いちごう》も復《ま》た意《い》なし
去り去りて転《うた》た速《すみや》かならんと欲す
此の生《せい》　豈《あ》に再び値《あ》わんや

青春の歓楽をいま一度、などとは毛頭思わぬ。しかし時は次第に速く去り行き、わが生は二度とくりかえしがきかぬ。しからば、どうすればいいのか。

詩は、次の四句をもって終る。

家を傾けて時に楽しみを作《な》し
此の歳月を竟《お》えん
子あれども金《かね》を留《と》めず
何ぞ用《もち》いん　身後《しんご》の置《はから》いを

家中の者が時には皆集まって楽しみ、馬のように走り去って行く残りの歳月を過ごそう。子どもはいるが、財産はのこさぬ。死後のことなど、どうして考えておく必要があろう。

「児孫のために美田をのこさず」、と幕末の薩摩藩士西郷隆盛《さいごうたかもり》もうたったが、淵明が右の詩を作ったのは、西郷より千五百年も前のことであった。

（いっかい・ともよし／神戸大学名誉教授）

二月新刊

新作の能・狂言や古典評、歌謡を集成

〈石牟礼道子全集・不知火〉（全17巻・別巻一）

16 新作 能・狂言・歌謡 ほか
エッセイ 1999–2000

石牟礼道子 解説＝土屋恵一郎
［月報］松岡正剛／吉田優子／米満公美子／大津円［本巻完結］

1 初期作品集
2 苦海浄土 第1部「苦海浄土」 第2部「神々の村」
3 苦海浄土ほか 第3部「天の魚」
4 椿の海の記ほか
5 西南役伝説ほか
6 常世の樹・あやはべるの島へほか
7 あやとりの記ほか
8 おえん遊行ほか
9 十六夜橋ほか
10 食べごしらえおままごとほか
11 水はみどろの宮ほか
12 天 湖ほか
13 春の城ほか
14 短篇小説・批評
15 全詩歌句集ほか
17 詩人・高群逸枝
別巻 自伝 著作リスト・年譜〈未刊〉

表紙デザイン＝志村ふくみ
各巻解説・月報・口絵二頁
Ａ５上製布クロス装貼函入
各六八二五～八九二五円

日本とアジアの"抗争の背景"を探る

日本のアジア外交 二千年の系譜

小倉和夫

卑弥呼から新羅出兵、元寇、秀吉の朝鮮侵攻、征韓論、脱亜論、日清戦争、日中戦争、満洲建設、戦後の国交回復へ——アジアにおいて抗争と協調を繰り返す日本の、二千年に亘るアジア外交の歴史を俯瞰する。

四六上製 二八八頁 **二九四〇円**

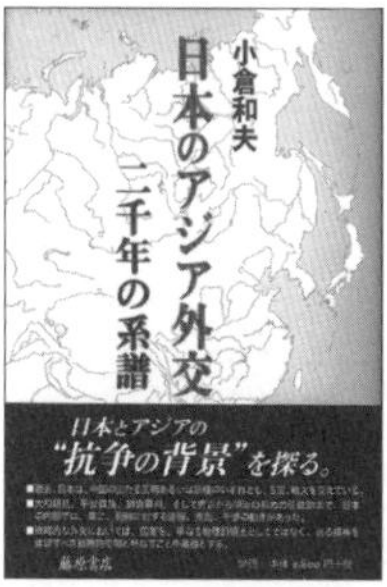

レギュラシオンの旗手が、独自の分析！

ユーロ危機
欧州統合の歴史と政策

ロベール・ボワイエ
山田鋭夫・植村博恭訳

ヨーロッパを代表する経済学者が、ユーロ圏において次々に勃発する諸問題は、根本的な制度的ミスマッチである、と看破。歴史に遡り、真の問題解決を探る。「ユーロ崩壊は唯一のシナリオではない、多様な構図に開かれた未来がある」（ボワイエ）。

四六上製 二〇八頁 **二三一〇円**

「素顔」幻想をぶっ飛ばせ！

岡本太郎の仮面

貝瀬千里 河上肇賞奨励賞受賞

当初は「顔」をほとんど描かなかった岡本太郎が、晩年の作品の実に八割以上で「顔／仮面」と直接関連するものを描いたのはなぜか。巨人・岡本太郎に斬新な光を当てた、気鋭による野心作。

四六上製 三三六頁 カラー口絵八頁 **三七八〇円**

人の世と人間存在の曼陀羅図

下天（けてん）の内

大音寺一雄

歴史小説、政治小説、エッセイの、独立しているが相互に内的関連性をもつ小作品を第一部に、血縁が互いに孤立を深めていく無残を描いた自伝的小説を第二部におく綜合的創作の試み。

四六上製 三一二頁 **二九四〇円**

イベント報告――『石牟礼道子全集 不知火』本巻完結記念！

生類の悲《かなしみ》――石牟礼道子の世界 V

二月八日(金)午後六時半　新宿区立牛込箪笥区民ホール

二〇〇四年春、小社より発刊した『石牟礼道子全集』(全十七巻・別巻二)。この二月、九年近くを要した大企画が本巻完結の時を迎え、東京で記念イベントが開かれた。

冒頭で小社社主藤原良雄は、『全集』企画の経緯を様々な苦労話を交え、誕生の現場からその意義を語った。続いて、熊本からの上京を念願されながら叶わなかった、石牟礼道子さんの「声のメッセージ」。胎児性水俣病患者の魂にふれながら、幼いころの「お手玉唄」を歌われ、「魂として会場に赴きます。今おそばにおります」との言葉に、会場が感動に包まれた。

町田康氏

そして第一部は、作家・歌手の町田康氏の講演。小説的言語を駆使する作家の独特な精神を、ユーモアを混じえつつ淡々と告白した。言語のプロゆえに、書けてしまう、表現がスムーズに叶ってしまう問題を提示。現実と言語の逆説的な緊張関係が、奇妙な力を生み、作家を危うく巻き込んでくる。特に石牟礼作品や作者について多くは触れないが、文学創造の根にある深淵を語ることで、石牟礼世界の凄さを示唆したと言える。

休憩を挟んで、第二部へ。劇団文化座代表の佐々木愛さんが「解説語り」と「作品朗読」の二役をこなす。二〇〇九年に自宅で転倒し、入院した体験を、「私」である石牟礼道子が解説する形である。この語りを軸に、様々な関連散文や詩、新作能「不知火」の精髄部分を絡め、朗読する。そして金大偉のピアノと原郷界山の尺八の演奏が脇を固める。舞台の背景には、モノクロや淡彩の自然映像を基調に、時に抽象表現たる強い単色が加わる。この映像・音楽・演出も金大偉による。

石牟礼道子さんには、入院二カ月間の日常の記憶がない。その間、幻楽四重奏とも名付ける、玄妙な音楽を何度も聴き、そして天草四郎の新作能「草の砦《とりで》」の構想を得た。近年は、詩作品を発表し続けている。

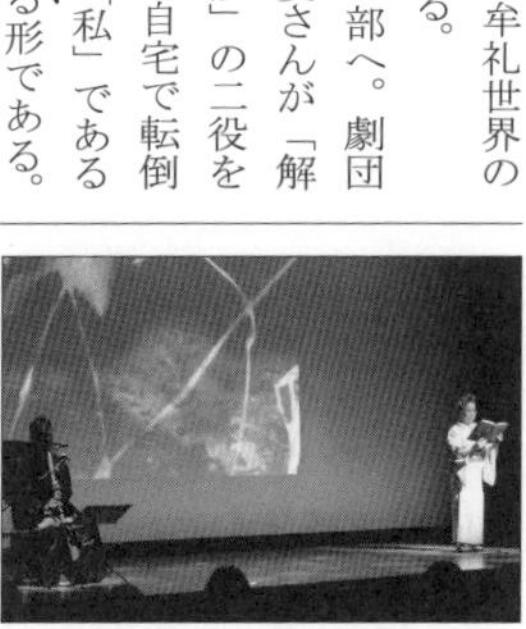

この催しはそうした消息をも伝えるべく、舞台芸術として再構成した試みである。宇宙の大火事を描く形而上詩の如きものであり、自己の古い分身たる「悶《もだ》え神」のあえかな怨霊を迎える詩あり――。濃密な一時間弱に、カーテンコールで町田氏がコメント、「これを見て、私の石牟礼文学理解も変わりそうです」。約二五〇名の盛況であった。

(記・編集部)

読者の声

ニグロと疲れないでセックスする方法■

▼この作者のファンになりました！貴社から出されている、他の二冊も購入しました。
　今後も、刺激的な本を出版して頂けると期待しております。
（大阪　公務員　**中井薫**　57歳）

満洲浪漫――長谷川濬が見た夢■

▼函館に居住している人間にとって長谷川兄弟を知っている割合は低い。その中でも三男坊は知られていない。
　神彰は函館市の住吉町墓地で眠っているが……小生も二男坊の潾二郎の猫の絵を最近美術館で見たが、長谷川兄弟のこと、もっと知られても良いと思うが。
（北海道　**山田民夫**　67歳）

政治家の胸中■

▼政治家の実像が身近に感じることができました。田中金脈・ロッキード事件の真相も今後の出版として期待しています。合掌
（東京　司法書士　**伊藤重弘**　61歳）

音楽の殿様　徳川頼貞■

▼祖父はこの殿様と世界四五カ国訪れました。我が家の「武家の夜咄」に度々登場する「頼貞《ライティ》さん」と初めてめぐり合った気分が致します。ヨーロッパ以外にも、ヴェトナムのトラ狩のエピソードも面白いです。村上先生は御存知でしょうか？
（神奈川　英会話講師　**川島哲子**　65歳）

※みなさまのご感想・お便りをお待ちしています。お気軽に小社「読者の声」係まで、お送り下さい。掲載の方には粗品を進呈いたします。

書評日誌（一・一三〜二・一六）

(書) 書評　(紹) 紹介　(記) 関連記事
(TV) 紹介、インタビュー

一・一三　(書)毎日新聞「最後の人　詩人高群逸枝」（「今週の本棚」／「名作の萌芽を支え、促した出会いの記録」／池澤夏樹）
(書)山形新聞「世界の中の柳田国男」（「読書」／「柳田論の成果　国外で継承」／大塚英志）
(書)北海道新聞『移民列島ニッポン』（「ほん」／「多文化共生への道模索」／麻生晴一郎）
(書)静岡新聞『移民列島ニッポン』（「ＢＯＯＫ」／「共生の道選び変化する姿」／杉山由美子）

一・一六　(書)岐阜新聞「和歌と日本語」（「文化」／「和歌の世界、『景と心』を探究」／『自己確認・発見の歩み』つづる」／林進一）
(書)聖教新聞「最後の人　詩人高群逸枝」（「自然と感応し、人と同苦する心」）

一・二〇　(書)北海道新聞「華やかな孤独　作家林芙美子」（「ほん」／「群像の中に新たな魅力」／梯久美子）

一・二三　(紹)東京中日新聞『鎖国』と資本主義」（「社会」／「学者知事　両道貫く」／「朝型研究法『川勝史観』に磨き」／「江戸時代を再評価」／小寺勝美）
(書)毎日新聞「華やかな孤独　作家林芙美子」（「百冊百話」／「証言もとに新たな林芙美子像」／高橋一清）

一・二七〜二・一〇　(書)南日本新聞（共同配信）「幻の野蒜築港」（「読書」／「開発と東北の関係を問う」／成田龍一）

一・二七　(書)朝日新聞「世界の中の柳田国男」(「読書」/「外からの目で見る多様な実像」/保阪正康)
(書)産経新聞「メドベージェフVSプーチン」(「読書」/「改革の厳しい現状を検証」/黒川信雄)

一・二八　(書)現代女性文化研究所ニュース「華やかな孤独　作家林芙美子」(尾形明子)
(紹)現代女性文化研究所ニュース「福島FUKUSHIMA　土と生きる」(「編集後記」/岡田孝子)
(書)日経ビジネス『移民列島』ニッポン」(「新刊の本棚」/「外国人集住地域を行く」)

一・三一　(紹)朝日新聞「幻の野蒜築港」(「宮城文化」/「野蒜築港の研究、本に　明治政府の港湾計画」/「復興土木工事明治に重なる」)

二・一　(書)ふらんす「シモーヌ・ヴェイユ『犠牲』の思想」(「ヴェイユの問いの中核へ」/安永愛)
(紹)月刊ロシア通信「メドベージェフVSプーチン」(「新刊紹介」)
(紹)望星「幻の野蒜築港」(「新刊紹介」)

二・三　(書)北海道新聞「最後の人　詩人 高群逸枝」(「ほん」/「妻を慕い仕えぬいた夫」/上野千鶴子)
(書)東京新聞「メドベージェフVSプーチン」(「読書」/「首相、大統領の微妙な関係」/下斗米伸夫)
(書)毎日新聞「シモーヌ・ヴェイユ『犠牲』の思想」(「今週の本棚」/『永遠の義務』論を説いた根源的思想家」/鹿島茂)

二・七　(書)週刊文春「政治家の胸中」(「今週の必読」/「第一線記者が間近に接した肉声」/後藤謙次)

二・九　(紹)福島民報「福島FUKUSHIMA　土と生きる」(「新刊抄」/「県内の本屋さん」)

二・一〇　(書)読売新聞「福島FUKUSHIMA　土と生きる」(「本　よみうり堂」)
(書)読売新聞『移民列島』ニッポン」(「本　よみうり堂」/「記者が選ぶ」)
(書)読売新聞「メドベージェフVSプーチン」(「本　よみうり堂」/「近代化路線は続くか」/杉山正明)
(書)東京中日新聞「幻の野蒜築港」(「読む人」/「失われた東北近代化」/米田綱路)
(紹)東京中日新聞「世界の中の柳田国男」(「読む人」/「世界体験と柳田民俗学」/大日方公男)

二・一二　(紹)GINZA「ニグロと疲れないでセックスする方法」(「目利き書店員のリレーコラム」/福川美緒)

二・一三　(紹)聖教新聞「歴史をどう見るか」

二・一五　(紹)週刊読書人「幻の野蒜築港」(「連載　ニュー・エイジ登場」/「東北の、土地の記憶を紡ぐ」/西脇千瀬)
(紹)地方自治職員研修「廃校が図書館になった!」(「『橋本五郎文庫』奮闘記」/「BOOKS」/「廃校再生に立ち上がった住民が手にしたもの」)

二・一六　(紹)週刊現代「世界の中の柳田国男」(「リレー読書日記」/「日本民俗学のパイオニアにして、若き才能を見抜く慧眼の持ち主。柳田國男の世界的評価が始まった」/坪内祐三)

四月新刊

＊タイトルは仮題

長期的視野でデフレ脱却政策を見る！

環

学芸総合誌・季刊

【歴史・環境・文明】

Vol.53 '13 春号

［特集］経済再生は可能か

――金融緩和でデフレから脱却できるか

〈インタビュー〉浜田宏一（聞き手＝片岡剛士）／ロベール・ボワイエ（植村博恭訳）／若田部昌澄

〈寄稿〉安達誠司／片岡剛士／榊原英資／高橋洋一／田中秀臣／田村秀男／中島将隆／中村宗悦／西部邁／原田泰／松尾匡

［緊急特集］「アルジェリア・テロ」事件をめぐって

ストラ／ダルモン／ペロー／谷口侑／加藤晴久／伊勢﨑賢治

［小特集］『石牟礼道子全集』本巻完結

石牟礼道子／渡辺京二／赤坂憲雄／池澤夏樹／金井景子／鎌田慧／河瀬直美／金大偉／志村ふくみ／高村美佐／能澤壽彦／鈴木一策

［小特集］『清朝史叢書』発刊

発刊にあたって　岡田英弘

〈座談会〉『清朝史叢書』とは何か」

宮脇淳子＋楠木賢道＋杉山清彦

〈寄稿〉大石芳野／平川祐弘／米谷ふみ子

〈書物の時空〉粕谷一希／市村真一／川満信一／河野信子／永田和宏／平川祐弘／三田剛史／中井真木

〈新連載〉小倉紀蔵／川勝平太＋梅原猛

〈連載〉石牟礼道子／金子兜太／松岡小鶴（門玲子解説）／三砂ちづる／赤坂憲雄／新保祐司／山田國廣／河津聖恵／能澤壽彦

『失われた時を求めて』発刊百周年

マルセル・プルーストの誕生

新編プルースト論考

鈴木道彦

『失われた時を求めて』個人全訳を成し遂げた著者が、二十世紀最大の「アンガージュマン作家」としてのプルースト像を見事に描き出し、文学・芸術界におけるこの稀有な作家の「誕生」の意味を明かす。長大な作品の本質に迫ることで、読者が自身を発見する過程としてのスリリングな読書体験への糸口を提供する。

フランスにおける障害史の先駆的著作

盲人の歴史

中世から現代まで

ジナ・ヴェイガン　加納由起子訳

序＝アラン・コルバン

中世から十九世紀にいたるまで視覚障害者はどのように表象され、また扱われてきたのか。フランスで初めてかつ唯一の、視覚障害者を主人公とした通史。絶対的他者としての盲人とその社会的受容過程をつぶさに描き、旧来の謬見によるイメージを一新する野心作！

身近にこれほど多い「基地局」！

ケータイ亡国論

携帯電話基地局の電磁波「健康」汚染

古庄弘枝

国民一人に一台以上、急速に普及する携帯電話。電磁波で「基地局」とつながっていなければ、メールや電話はできないが、その「基地局」の周りで健康を損ねる人が急増している。あなたや子どもの健康は!?

水俣の再生と希望を描く処女詩集

光り海

坂本直充詩集

坂本直充　推薦＝石牟礼道子

解説＝柳田邦男　解題＝細谷孝

現在、水俣病資料館館長を務め、昨年自らが胎児性水俣病患者であることを初めて明かした著者。故郷・水俣の再生と希望を四〇年近くにわたり詩にした作品から精選。

3月の新刊

タイトルは仮題、定価は予価。

小説 横井小楠 ＊
小島英記
四六上製 六一六頁 三七八〇円

竹山道雄と昭和の時代 ＊
平川祐弘
A5上製 五三六頁（口絵カラー一頁） 五八八〇円

叢書〈文化としての「環境日本学」〉
京都環境学 ＊
宗教性とエコロジー
早稲田環境塾編（代表・原剛）
A5判 一九二頁 二一〇〇円

欲望する機械 ＊
ゾラの「ルーゴン＝マッカール叢書」
寺田光徳
四六上製 四二四頁 四八三〇円

〈新版〉**四十億年の私の「生命《いのち》」** ＊
生命誌と内発的発展論
中村桂子・鶴見和子
四六上製 二四八頁 二三一〇円

4月刊

盲人の歴史 ＊
中世から現代まで
ジナ・ヴェイガン
序＝アラン・コルバン 加納由起子訳

好評既刊書

『環 歴史・環境・文明』53 13・春号 ＊
〈特集 経済再生は可能か――金融緩和でデフレから脱却できるか〉
浜田宏一／ボワイエ／若田部昌澄／安達誠司／片岡剛士／田中秀臣／中村宗悦／原田泰／松尾匡／榊原英資／西部邁 ほか

マルセル・プルーストの誕生 ＊
新編プルースト論考
鈴木道彦

ケータイ亡国論 ＊
携帯電話基地局の電磁波「健康」汚染
古庄弘枝

光り海 ＊
坂本直充詩集
坂本直充

石牟礼道子全集（全17巻・別巻一）
16 新作 能・狂言・歌謡ほか ＊
エッセイ 1999-2000
〈解説〉土屋恵一郎
〈月報〉松岡正剛／吉田優子／米満公美子／大津円
A5上製布クロス装貼函入 七六〇頁 八九二五円

日本のアジア外交 二千年の系譜 ＊
小倉和夫
四六上製 二八八頁 二九四〇円

ユーロ危機 ＊
欧州統合の歴史と政策
ロベール・ボワイエ
山田鋭夫・植村博恭訳
四六上製 二〇八頁 二三一〇円

下天（げてん）の内 ＊
大音寺一雄
四六上製 三一二頁 二九四〇円

岡本太郎の仮面 ＊
貝瀬千里
河上肇賞奨励賞受賞 カラー口絵八頁
四六上製 三三六頁 三七八〇円

『環 歴史・環境・文明』52 13・冬号
〈特集 日・中・米関係を問い直す――アメリカとは何かIII〉
倉山満＋宮脇淳子／王柯／小倉和夫／川勝平太／川満信一／高銀／朴一／松尾文夫 ほか
菊大判 四一六頁 三七八〇円

最後の転落
ソ連崩壊のシナリオ
エマニュエル・トッド
石崎晴己監訳 石崎晴己・中野茂訳
四六上製 四九六頁 三三六〇円

清朝史叢書（岡田英弘監修） 発刊！
康熙帝の手紙 ＊
岡田英弘
四六上製 四七二頁 三九九〇円

〈大石芳野写真集〉
福島 FUKUSHIMA 土と生きる
大石芳野 解説＝小沼通二
四六倍変判 二六四頁 2色刷 三九九〇円

メドベージェフvsプーチン
ロシアの近代化は可能か
木村汎
A5上製 五二〇頁 六八二五円

＊の商品は今号に紹介記事を掲載しております。併せてご覧戴ければ幸いです。

書店様へ

▼『週刊文春』3／7号で**D・ラフェリエール『ニグロと疲れないでセックスする方法』**が鹿島茂さんの絶賛紹介で大反響！「ヘンリー・ミラー、ブコウスキーの衣鉢を継ぐ前衛文学……文学は二つのベクトルが激しく交錯するところでしか顕現しないという見本のような傑作」。2／18『毎日』「新世紀・世界文学ナビ」でもラフェリエールが大きく紹介。既刊2点在庫ご確認を。

▼2／10『読売』、2／20『毎日』、その他にも各紙誌で大きく紹介されています**大石芳野『福島 FUKUSHIMA 土と生きる』**。今度は和合亮一さんが時事配信書評で全国地方紙に紹介！ 今後も各紙誌TVラジオ等でパブ続々予定。

▼3／6ベネズエラのチャベス大統領死去。二〇〇九年の米州サミットではオバマ米大統領にプレゼントした**E・ガレアーノ『収奪された大地〈新装版〉』**が話題になりました。ラテンアメリカが欧米諸国に収奪されてきた五百年の歴史をウルグアイ在住のジャーナリストが明らかにした名著。追悼フェアの一冊にぜひ。（営業部）

大石芳野写真展
福島FUKUSHIMA 土と生きる

【日時】四月三日（水）～一二日（金）
一〇時半～一九時（最終日一五時まで）
【場所】コニカミノルタプラザ
ギャラリーC（無休／入場無料）
（フルーツの新宿高野四階）
JR新宿駅東口から徒歩1分

トークショー
【日時】四月一〇日（水）
一八時半～一九時半
【会場】イベントスペース（入場無料）
【定員】五〇名（先着順）
＊開演一時間前より、受付にて整理券を配布

出版随想

▼二月上旬に名古屋市大の招きでレギュラシオンの旗手ロベール・ボワイエ博士が来日された。二カ月弱という長期の滞在の間に、博士は是非沖縄に行ってみたいといわれる。早速、沖縄関係者に連絡を取り、博士訪沖の件を伝えた。三泊四日の短い訪沖だが、博士には、現在沖縄の置かれている状況——基地、開発など——、島の歴史や風土、生活風景などを現地取材をしながら観ていただきたいと思った。詩人の川満信一兄、歌手の海勢頭豊兄、久高島の漁師の内間豊兄、学者の松島泰勝兄らの協力なくしては、今度の突然の訪沖はうまく行かなかっただろう。感謝を申しあげる。

▼また、沖縄国際平和研究所を自腹を切って作られ、数多くの沖縄戦の写真を展示されている元沖縄県知事大田昌秀氏にも会った。博士と元知事との英語による白熱した討論は見物だった。アメリカの大学で数年勉強して来られた元知事の豊かな見識と広い視野、将来の沖縄の行く末をじいっと見ておられる姿に感服した。

▼沖縄県立博物館での講演は、テーマが「米・中・日関係の中の沖縄」。「21世紀は、アメリカの世紀ではなく、多極的世界形成の時代となる。日本は、今、安全保障の面でアメリカに依存しながら、経済はアジア、特に中国との関係を急速に深めているジレンマに直面している。今後日本経済のあり方としては、高度成長ではなく福祉生活を実現する経済の新しい発展様式を生み出す必要がある。今日訪れた首里城で、琉球王国時代の交易地図を見た。琉球・沖縄は地政学的に非常に重要な場所である。そのことが交易地図でわかる。同時に琉球・沖縄には広大な米軍基地が存在し、それは日米同盟を象徴している。先に話した日本が直面しているジレンマの中に沖縄がある。琉球・沖縄は日本の一つの地方という見方ではなく、アジアの地域統合の大きな拠点になり得るのではないか」と。

▼最終日には、普天間ほかの広大な基地を具《つぶさ》に観られた。博士のような世界の知識人が沖縄の現地を観察され、要人と交流されたことは、沖縄にとっても、日本にとっても、西欧にとっても大きな収穫ではなかろうか。文化交流は、こういう小さな交流の積み重ねが、情況を変えてゆくことになるのではないか、と思う。（亮）